2011 不求人文化

2009 懶鬼子英日語

I'm 我識出版教育集團
I'm Publishing Edu. Group
www.17buy.com.tw

2005 意識文化

2005 易富文化

2003 我識地球村

2001 我識出版社

2011 不求人文化

2009 懶鬼子英日語

我識出版教育集團
I'm Publishing Edu. Group
www.17buy.com.tw

2005 意識文化

2005 易富文化

2003 我識地球村

2001 我識出版社

Marketing jenseits vom Mittelmaß

拒絕平庸

100個抓住眼球的市場行銷個案

01

赫曼・謝勒的**序言**

PROLOG
von Hermann Scherer

010

真正的廣告需要的是純粹，而不是表面的華麗

EINLEITUNG
von Jeannine Halene & Hermann Scherer

034

廣告就像開車，你得變換車道，然後才能超車

04

最佳實例
向最好的學習

— *064* —

05

珍妮・哈雷尼與
7個企業主的對談

—— 294 ——

Good things come to those who go crazy. Go out and fucking earn it.

好事總是落到那些瘋狂的人頭上。走出來，去迎接它吧。

01

赫曼・謝勒的**序言**

PROLOG
von Hermann Scherer

世界辮子麵包日／
模仿是如何殺死創造力的

廣告是幻想的遊戲。我覺得這個遊戲很危險，因為它扭曲了企業形象，用糖衣覆蓋了顧客的思想。

糖衣在嘴裡很快會融化，所以根本談不上持久作用。

糖衣就像辮子麵包甜甜的表層，但是作為市場行銷的手段，它卻不能勝任。在這個時代中，每天有10,000條廣告資訊衝擊著人們的頭腦，每年從企業和廣告公司流出的廣告費用高達數十億歐元，這個時代的格言是：吸引注意力，不惜一切代價。很多人覺得，廣告是件昂貴而複雜的事。而我並不這麼認為。

當今的廣告世界其實與以往極為相似。考古發掘工作證實，在西元79年龐貝古城被火山灰埋沒前，這座城市隨處可見點綴街道的看板。自那時起，資訊傳播管道不斷多元化，資訊的投放變得更加微妙。然而，其目標是一成不變的，那就是「引起注意」。下面這個事實讓實現這個目標變為可能：人類大腦有個神奇的特性，它隨著挑戰的增加而變得強大，甚至能承受最強的刺激流。然而，如果印象太短、太吵、太快或者太無聊，大腦就會啟動自我保護。大腦喜歡的，其實是故事。

這就是好廣告的祕密所在。大腦就是在捕捉一些流星，它們浮浮沉沉，飄忽不定，最後在腦海中投射出一幅可辨識的圖像。那麼資訊如何到達顧客的神經，才能最好地滲透進潛意識裡呢？對於這個棘手的問題，我的回答是如此簡單而符合邏輯：向他們講述事實，把情感混合到知識中，然後在恰當的時間、恰當的地點，用恰當的音調將這杯混合飲品送到客戶面前。如果這三點配合得恰如其分，那麼一條具有內在價值的資訊就產生了。

真正的廣告需要的是純粹，而不是表面的華麗。它反射光，而不破壞光；它映射出的是完美主義，而不是冒險主義。每當我看到光澤華麗的表面時，我總想要去劃它、刮它，直到露出漆層下面的本質為止。那些凹凸不平和鏽跡斑斑的地方，總讓我思想飛舞。那裡隱藏著有價值的資訊，那裡揭示著所有物體的真實狀態。對待事物，我喜歡刨根究底，正是這種生活態度讓我免受一些錯覺的侵擾。你現在拿在手中的這本書，就是要給你注入能量，使你從魚龍混雜中脫身，從那些難分彼此，既能貼在醫院廣告欄上，也能貼在汽車修

> 真正的廣告需要的是純粹，而不是只有表面的華麗。

理鋪門口廣告柱上的廣告中脫身。

如果我們仔細觀察，就會發現，企業和廣告公司一直在樂此不疲地模仿著像可口可樂那樣的成功案例。他們認為，如此便能成功。

但他們忘了一點：
影本永遠不如原件好。

可口可樂小心翼翼地保護著咖啡因和糖的比例配方，就像梵蒂岡保護祕密檔案室裡的聖跡一樣。而史蒂芬・賈伯斯死後也無人能達到他的境界。他是不能容忍與別人並駕齊驅的，所以在別人到達他所在的領域之前，他就已經向前更進一步了。我非常喜歡這樣的策略，因為它夠刺激。要麼你革新市場，要麼你去別處另闢蹊徑。只有在這種理論的引導下，我們豐富多彩的企業世界才不會墮落成千人一面、非紅即白的格局。可是有些戰略家卻認為，什麼事情一旦奏效就可以保持成功，一勞永逸。這就好比人們努力走向未來，結果卻回到過去，這是一個悖論。

未來構想者

人們為自身的安全著想乃是理所當然。他們迴避新大陸，喜歡把過去積累的經驗當作未來的基石，因為他們熟知過去世界裡的一切，在那裡他們知道腳下走的是什麼路。這並不阻礙他們追求改革，但前提是，請保持在可視範圍內。比如，家長們總是聲討學校裡因循守舊的課時表，政客們信誓旦旦承諾要做出改變。結果最後我們國家的教育、培訓和研究還是老樣子，缺乏創新熱情。課堂始終延續慣例，教師的作用與其說是研究陪伴者，

真正的偉大始於獨立思考。

更像是專家權威。他們像在100年前的德國課堂上一樣，用紅色的筆在書頁邊做批註；他們批評藝術專業的孩子把顏色塗到了線框外；他們把青春期特有的對討論的熱衷與叛逆混為一談；他們教導學生：只有適應形勢才能走得更遠。試想，如果有一門課，它允許學生畫出自己的想像而不必擔心線框，允許憑藉創造力去遣詞造句而不必擔心各種約束，這將讓年輕人多麼受益啊！

▶ 知道嗎？在法國不允許將豬取名叫「拿破崙」。

即便是科學，也無非是建立在一種用過去經驗解決未來問題的模式上。它嚴肅地把由來已久的東西收集在一起，然後把它們塞入統計數字中。這樣得來的並不是創造意義上的知識，而是按照已有的思維方式去思考而已。國際著名的哈佛商學院，早在幾年前，就下定決心利用這個思路創造一種商務模式。從那時起，教授和學生開始在各個經濟領域作案例研究，然後賣給那些繼續教育機構和組織。每年整理出的，並可能得到應用的此類Case Studies足有近700萬個。結果是那些未來的經理人只知道用現成的辦法去解決問題，而且還得看這些研究的靈感水準如何。只要把別人的標準當成榜樣，那麼就等於走舊路，就等於在過去的道路上前進，永遠到不了新的地方。真正的偉大始於獨立思考。

那麼，如果讓你與你的經驗相脫離會怎樣？想像一下，腳下的土地裂開，吞噬掉你親手建立的一切：你的公司、你的客戶、你的人脈。然後土地重新合攏，你站在一片廢墟前。這首先可能會帶來對心臟病發作的恐慌，然後就出現了希望的曙光。放鬆思維仔細想想，問問你自己：如何能接觸到新的客戶？怎樣提高我的銷售額？

現在的目標不再是由知識和經驗的積累來決定，而是重新構建未來。回首過去並不一定是錯誤的，只是不能因為回首過去而剝奪重新開始的意義。我很高興地看到，我們的中小企業正在更加頻繁地進軍那些空白的未來領域，利用有創意的廣告和非同尋常的行銷活動。對我來說，他們早已是社會中真正的先驅者。

ZELT FüR NEUES!

來點新東西！

想法之源

五年前，在我發表《超越平庸》一書的時候，讀者回響非常大。企業主們感謝我摘掉了廣告神祕的面紗，清楚地道出：廣告的關鍵不在於與巨人共舞，而在於擁有不隨波逐流的勇氣，與自己心目中的榜樣保持距離的勇氣。

當你描述你自己的時候，不忘帶上那些裂痕和瑕疵，你就做到了這一點。要寫自己的劇本，就別讓自己迷失在陌生的情境中。這就是我作為企業家和演說家的原則。

我以前從沒想過為《超越平庸》一書寫續集。我對續集小説不以為然，更別說在一本書獲得成功後再弄一個補充版。這不符合我作為一名作家所持的態度，即為書店的櫃檯上帶來全新的、有趣的、值得去認知的東西。什麼東西一旦表達出來了，被閱讀了，那麼也就失去了它的緊張感和新鮮感。而我之所以最終同意寫這本書是出於兩個原因。首先一個絕對是：面對一位睿智、堅定、美麗的女士，我無法説出不字——當她懇請我在事業上給予支持的時候。在一次活動結束後，這位年輕的廣告公司所有人珍妮・哈雷尼走到我面前，説出了她的想法。我很快感覺到，她知曉我們社會的中堅力量。她有能力，在這個男性主導的世界裡取得成功。然後是第二個原因：我覺得，我們已經太久沒為我們的想法燃燒過自己了。讓這本書的圖片和例子來點燃星星之火吧。

> 要寫自己的劇本，就別讓自己迷失在情境中。

在廣告的世界裡，五年的時間不過是一眨眼。

在時間的刻度裡，0.01秒——什麼都改變不了。乍一聽到這種觀點，我很驚訝。再一想就明白了，對超越平庸定位的追求從來都是不過時的。請讀者把這本書當作靈感

的來源，此外無它。也許這就是它每年能發行90,000冊的道理。

　　對我而言，指南類的文學作品只有兩個主題是重要的：健康——因為我願意去照著做，還有就是食譜——因為這讓我們的營養美食更臻精緻。沒有食譜和烘焙指南，我們國家文化將失去一大塊。想想就知道了，為什麼辮子麵包的食譜書永遠不嫌多？為什麼不知名的發明家紀念冊永不被珍視？

　　大概沒有人知道，在15世紀，男生用美味的蛋糕來追求心上人。大概為了一場美食盛宴，世界都不惜變窮。我建議，我們國家所有的甜品店應該聯名向聯合國請願，申請設立「世界辮子麵包日」！一位司徒加特小店主也做了類似的事情。他發明了「薄煎餅條湯日」，從此他成了這道美味湯品的專家級廚師。要發明10萬個專利，總會有10萬個點子。

　　對於其他的指南類書籍，從兒童教育到管理的時間分配，在我看來都可以拿去當資源回收去做餐巾紙了。或許這本書的命運也是如此，說不定你會拿彩頁當烘焙品的包裝紙呢，這倒挺有創意。指南是多餘的，它們讓主題本身失去了意義。

> 我覺得，我們已經太久沒為我們的想法燃燒過自己了。

Good Idea !

Die größte Gefahr im Leben ist, dass man zu vorsichtig wird.

生活最大的
危險在於，
人們都變得
過於小心。

阿爾弗雷德・阿德勒
（Alfred Adler，奧地利精神病學家）

收集詞語的人

讓我們回想一下世界的幾大主題吧：幸福、愛情、健康、財富和成功。在這充滿魔力的五大主題上，過去的4,500年來未曾有一絲改變。然而，如果能用令人意想不到的其他語句去包裝這五大主題，那麼世界看起來則大為不同。否則怎麼來解釋下面這件事。

在比勒費爾德大學裡舉辦的一次詩歌朗誦比賽上，年輕的選手朱莉婭·英格曼（Julia Engelmann）走到鏡頭前，朗誦出她

自己創作的一段詩歌，內容是勇敢地坦白那些年我們錯過的機會。為什麼這段時長6分鐘的影片能在YouTube網站上被點擊650萬次呢？一旦無聊被打破，熱情即將登場。

還有這件事，女作家布羅妮·韋爾（Bronnie Ware）寫了一本關於人性的暢銷書，講述的是人在臨終前最遺憾的那些事。這本書被翻譯成27種語言，並且在發表三年後仍高居亞馬遜該類書籍排行榜首位。這些女性用簡單、感人的語言，溫柔地喚醒我們，讓我們有那麼一刻真正地去思考，這感覺真好。我們感覺與內心的自己如此地親近，這在今天已不再是那麼理所當然的事了。

我很驚訝地看到，有些年輕人在聽滾石樂隊演唱會的時候，整場舉著手機一動不動，因為他們在向Facebook網站上的好友們同步播放搖滾演出。這就發生在柏林。當米克·傑格（Mick Jagger）緊皺眉頭、滿頭大汗、氣喘吁吁地在舞臺上迴旋時，當基思·理查茲（Keith Richards）踏著節拍穿過人群時，身體的每一個神經末梢都在顫抖，每一塊肌肉都在抽搐，真希望時鐘靜止，永遠停

留在這音樂史詩般的一刻——而在我旁邊，這位18歲上下的年輕人卻面不改色地盯著那塊12 x 5 cm大的手機螢幕。在他那，史詩般的一刻竟能縮成那麼小。

　　這本書將被印刷成書，製作精良卻本質可見，沒有特殊裝訂，不用散文文體。書裡的觀點應該從眼睛躍入心靈，然後進入大腦的邊緣系統，那裡是創造力的正中心。書中那些我與珍妮・哈雷尼女士一起挑選出的企業有一個共同特性：對廣告的執著。請從中汲取靈感吧。然後合上這本書，把它當成一個紙鎮或者書架上的擺設，去創造屬於自己的書頁，組織屬於自己的語言。把自己變成創造者和尋寶人，讓那些可口可樂案例和指南作家的故事見鬼去吧。

一旦無聊被打破，熱情即將登場。

生命短暫，不能只用來閱讀，
出發吧，用你的想法去點燃世界。

—— 您的赫曼・謝勒
Hermann Scherer

Design is more
than just a few
tricks to the eye.
It's a few tricks to
the brain.

設計絕不僅是一些表演給眼睛的戲法，它是一些表演給大腦的戲法。

內維爾·布羅迪
（Neville Brody，國際著名設計大師）

02

珍妮·哈雷尼的**前言**

VORWORT
von Jeannine Halene

如果說我們有一
樣東西最多餘，
那就是規則。

有 15 萬條或者更多的規定來決定什麼是我
們需要的、什麼是我們該放棄的。它們引導
著我們的行為，就像在窄軌上行車，稍不留
神就舉起紅牌警告：停！

別這麼快！也不要與別人不同。

一旦我們離群體太遠，指手劃腳的人就無處不在。我們很早便學會要舉止端莊、安於尋常、不惹人注意。那些總是不聽老師話的學生，先是變成班上的搗蛋鬼，然後就變成拖後腿的魯蛇。類似的經驗貫穿人生始終。所以我們讓自己融入主流標準，乖乖繞開日常生活中的荊棘處。這是多麼可惜啊。

Fanta 4（驚奇嘻哈四人組）唱出了我的心聲，他們唱道：「在墜落之前，我們更願意落得出眾。」對於那些希望脫離平庸的企業來說，這句話可以被當做座右銘。

廣告從未像今天般簡單而快捷。我們幾乎可以同步地將資訊和廣告詞發送到全世界。遍佈全球的網路讓我們從中受益。

▶ 知道吧，在邁阿密禁止男子穿著沒有腰帶的睡袍出現在公眾場合。

這也許是詛咒，也許是祝福。作為一家廣告公司的所有人，這對我來說只有一點：挑戰。如果一個客戶在聽我們介紹方案時提出疑問：「這想法真棒，只不過，是不是有些太大膽了？」

> 如今人們更喜歡被娛樂，而不是被告知。

然後我就知道我是對的，並回答說：「大膽幾乎就意味著已經贏了。」你必須知道，如今人們更喜歡被娛樂，而不是被告知。如果能做到帶著極致的想法逆流而上，那麼就成功了一半。為什麼一頭紫色的母牛在電視上微笑會讓你覺得巧克力味道不錯呢？又為什麼看到鞋子底部的小孔你會聯想到舒適的足部環境呢？把乳牛塗成紫色、在鞋底開洞，這難道不奇怪嗎？

是，要的就是它：奇怪！Milka（妙卡）巧克力和GEOX（健樂士）鞋能夠躋身產業領頭地位，這些想法就是重要原因。

設計是不能用流水線來生產的，它需要很多因素，包括視角、工藝和足夠的自信。現在放眼環顧我的四周，我發現正是那些將上述因素集於一身的人才可算是成功。他們離經叛道、大膽嘗試，相信自己、也相信自己的想法。面對繁多的規則，他們只會吹口哨。因為最終起決定作用的，並不是誰的工作更為規範，而僅僅是誰的風格受到了歡迎：卡爾・拉格斐（Karl Lagerfeld）大秀他的時裝，閉口不提他的年紀，他用他那白色的馬尾辮嘲諷著競爭。儘管如此，時尚界還是尊崇他。理查・布蘭森（Richard Branson）不厭其煩地講述他從維珍唱片起步的創業史，卻總能用他的激情澎湃和媲美牙膏廣告的笑容征服觀眾。這個故事讓他成為全世界企業家的典範。

> 作為從事廣告工作的職業女性，我知道：要做到吸引眼球，你必須打破常規。

瑪麗蓮・曼森（Marilyn Manson）用他的語言、髮型和動作震驚著人們。聽眾感到震撼之餘，也把他的歌推崇到夢幻的高度。這些明星打破了常規。他們激發混亂，從而得到關注。記住這個：有些事情看起來似乎永遠不可能，直到一天有人做到了。

當克里契科（Klitschko）兄弟那樣的拳擊手，既優雅禮貌又帶著博士頭銜，然後在對手的鼻子上來一記重擊，那麼我們就會去仔細看看，然後覺得，與眾不同這個想法還是有點道理的。

能夠打動我們的，不是突出的表現形式，而是真實的故事。它們有時候得以成為小說和電影的素材，從而脫穎而出。這本書說的就是這些故事。

在我創立自己的廣告公司時，我曾暗自發誓：我要與眾不同。我要引人注目。我要敢於冒險。我要變得更乖張、更不羈、不斷接近客戶的願望。那麼要怎麼做呢？那就是在各種場合吸引顧客的注意力，像磁鐵一樣。相信我，這個要求會最大限度激發你的創造力。

我認為：生命，因為短暫，所以不能浪費在糟糕的活動中；因之珍貴，所以無法束之以唯一標準。

把那些累贅的教條丟在一邊吧，
別讓它們總在耳邊絮叨：「這樣不行。」

想像一下，有一個廣告的世界，沒有規則：你可以跳舞、唱歌、跺腳、大喊大叫。你可以創作一段旋律，時而聒噪、時而恬靜、時而節奏強烈。用你全部的感官去打破、去試探，直到開闢出一片無限的視野。我非常尊重這些創新者，他們能保持天賦，不被那些狹隘的規矩枷鎖所束縛。

我的家裡不需要諸如「踏上地毯之前得把鞋子脫掉」之類的規矩。我不願在網購之前按要求閱讀沒完沒了的「一般商業條款」。我不想拿著號碼牌呆坐在等候室裡，直到手裡的數字在天花板上亮起。

別誤解我的意思：這不是在呼籲大家給社會上所有的規矩都來一次革命。有一些我覺得是絕對有必要的，為我們的集體生活做出貢獻。我所反對的是那多餘的1,000條規定，它們把生活的樂趣全給抹殺了。

勇敢會得到回報：
理查‧布蘭森，維珍唱片公司創始人，企業家
儘管少年時曾患有閱讀障礙，而且沒有高中畢
業證書，他還是不懼風險，從此
踏上了追尋極致的冒險之旅。

**Das Leben
ist zu kurz für
schlechte
Kampagnen.**

生命，因為短暫，所以不能浪費在糟糕的活動中。

珍妮・哈雷尼
（Jeannine Halene）

想一想，你上一次靈魂發癢，想逃離朝九晚五的工作日是什麼時候的事情？原因很簡單，就因為外面陽光明媚，你體內的維他命D正渴望著來點自然光照。你原本可以利用兩次會議的間歇繞著辦公大樓跑一圈充充電，然後好點子就會靈光乍現。但上下班的打卡鐘可不會饒恕這樣的翹班行為。

或者，回憶一下，年輕的時候你是如何站在游泳池邊的？你想衝刺、跳躍，來一個有史以來最棒的坐姿入水，好在你的心儀對象心中留下深刻印象。但是發生了什麼事？當你腳跟離地，當你感覺心愛的女孩投在你背上的目光，當你高高舉起雙手，以令人難以置信的速度躍起──救生員的口哨聲突然刺破耳膜。你來了個急煞車，猝不及防。

你滑了一下，不幸肚子朝下落入水中，你的心儀對象咯咯地笑，然後跑開了。如果救生員能讓他的哨子晚一刻響起，讓你完成個人表演，那麼這個故事該多麼精彩啊！

**規則使人沉睡，
我卻偏要用它製造慷慨。**

所以這本書是一本點子書、一本動議書，也是一本工作手冊。用真實案例和格言給你帶來啟發。請給自己設定不尋常的目標，然後去實現它，你不會覺得累。是一步一腳印還是立刻衝刺，對我而言這只是條件是否允許以及創造力的問題。如果你允許我與赫曼‧謝勒先生一起提個運動方面的建議的話，那就是：訓練你的右腦。那裡決定著你的創造力。請善待它，因為它像個女演員一樣敏感。它需要一個讓它光彩四射的舞臺，讓人們為它的魔力傾倒。它在思維的世界裡舞動前進，只為掌聲。

> 無聊，每個人都能做到。

可是，如果所有人都只在意著別去碰壁，哪裡會讓掌聲響起呢？你知道嗎，是什麼妨礙我們富有創造力地天馬行空地思考嗎？是孩童時期的種種限制。隨著年齡的增長，它們演變成了禁忌。但是，現在我們都長大了，獨立並且能夠自己權衡利弊。去冒一張15歐元罰單的險，可能是聰明之舉，假使能夠有機會在酒店裡等候一位德國上市公司行銷主管並與之洽談一筆10萬歐元的合約的話。

> 太多的規則讓我們盲目而愚鈍，因為我們不再追問。

有時候打破規則就是勝利，我會給你勇氣。

這本書字裡行間記錄著大大小小企業成功的故事。無論行銷、廣告還是推廣活動，他們其中有一點是共同的，就是遠遠超越普通。他們震撼世人，勇於冒險，有時候甚至超越了感知。假如內容做不到打動人心，那麼作用顯然也是淡而無味。所以我一直追尋那些獨特的、新鮮的、綻放的東西，尋找那些強烈到使人過目不忘的圖片和文字。這些突如其來的衝擊會像吸盤一樣牢牢留在記憶中。不僅如此，他們還會激發衝動，讓我們起跑、跳躍，然後在泳池邊劃出高高的弧線──哪怕救生員面紅耳赤地跑過來，因為你把他嚇得喘不過氣。要有創意！

──珍妮‧哈雷尼
Jeannine Halene

03

珍妮・哈雷尼和
赫曼・謝勒的**引言**

EINLEITUNG
von Jeannine Halene &
Hermann Scherer

我們經常問自己：
這個想法是好得不可思議
還是壞得不可思議？

從這個問題可以看出一種非黑即白的思維模式。就像頭腦中立了一塊禁止通行的牌子。其實好與壞全然無所謂，一切僅僅取決於這是否有效。

決定權掌握在客戶手中。在他們看來重要的，就有成功的潛力。當然，產品也必須足夠好。以德國Seitenbacher燕麥片為例，我們一想到它，耳邊就會響起讓你神經為之一緊的廣告和那帶著施瓦本地區口音的廣告詞。儘管，或者恰恰因為，這廣告有點讓人起雞皮疙瘩，這種燕麥片成了品牌，這家企業成了行業龍頭。

好的廣告無關乎理性和算計。

> 從根本上來說，廣告非常簡單：成功的就是有理的。

如果風格與你的公司般配，如果資訊能透過眼睛和耳朵傳入大腦，直達心裡，那麼廣告之箭可謂正中靶心。這樣你才算用客戶的語言在說話。尊重那些購買你的產品、使用你的服務的人。

永遠記住把目光放得長遠些，比一般更遠些。認識到那些需求和願望，那些小小的眼神，那些習慣和偏愛，將那些渴望了然於心。然後你就會知道，怎樣去編織你的成功。

聽過亞歷克斯·克萊爾（Alex Clare）的《Too Close》這首歌嗎？這首歌被所有唱片公司拒絕。他們覺得不夠好。他們說，將電子樂與靈魂樂混合推向市場的時機還不成熟。直到微軟一錘定音的結論：這段音樂很動人。微軟把這首歌用在一段電視廣告中，這讓亞歷克斯·克萊爾一夜之間成為超級巨星。歌曲蟬聯榜單達數周之久，5,200萬人點擊觀看歌曲的影片。

品味不允許被獨裁，但允許被感知。幸運的是，我們有辦法去感知：也就是透過市場調查。在很多案例裡，市場調查幫助企業避開危險，不至於將籌碼全部賭在一匹錯誤的馬身上。關鍵是，做這種調查非常昂貴。所以我們建議：與你的客戶保持聯繫，爭取拉近關係、對話溝通和協同一致。

Misserfolg ist lediglich eine Gelegenheit, mit neuen Ansichten noch einmal anzufangen.

失敗只是一個以新視角重新開始的機會。

亨利・福特
（Henery Ford，福特汽車公司創始人）

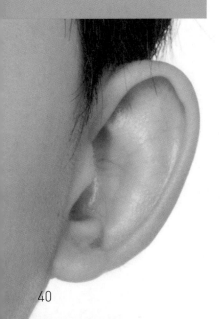

只有這樣才是最好的市場調查！

沒有什麼能比客戶的看法更準確地告訴你在市場中的定位。無論是在紙上寫出來的還是從嘴裡喊出來的，充滿感情的看法對你來說才是真正的恩賜。

說實話，有多少次你的員工嚇得臉都綠了，跟你報告說：「某某客戶出問題了，氣得快瘋了。」我們想說的是，這簡直太棒了。請別誤會——我們當然願意讓那些喜愛我們的客戶滿意，但我們也要學習深入思考，然後做得更好。作為企業家，我們都需要這樣的聲音來獲得進步。它給我們以挑戰。這就是真實的世界，每種關係都在不停變化，加深或減弱。

預防關係減弱尤為重要。如何做呢？不是為你自己，而是為你的客戶。請他們吃飯，向他們傳遞一些對生意特別重要的資訊，並且要顯得你是有意為之，因為這能讓客戶的工作更輕鬆。潛臺詞就是：「我總在為你著想。」

你最好告別一般意義上的「客戶關係」，要更把它視為理所當然的事情，不管合約是否有收錄條文，你都應該每天去重新加以證明。就像麵包師，需要用每天烤出最好的麵包去證明自己，以防生意被對面的競爭對手搶走。

嘗試和錯誤

回到正題，還是之前那個問題：什麼是好，什麼不是？

要長期獲得用戶的滿意，我們的建議是：你得額外花些時間。

我們相信這本書會告訴你很多人都避而不談的真相。因為他們認為，說出來會顯得不專業：嘗試和錯誤。

很多中小企業都會跟你說：所有的人都這麼做。聽起來就像在傳授自己的經驗似的——其實就是這樣。對於走錯路的危險，我們無能為力。特別是在所採取的措施無法直接用成功和失敗來衡量的時候。

愛因斯坦早就說過：「大家都喜歡砍樹，因為成功與否顯而易見。」

但是如果失敗了會怎樣呢？
很簡單。現在我知道這個辦法行不通了，那就試試下一個吧！

嚴肅對待：
超群出眾！

每天，上萬條廣告資訊向我們襲來。這個數字還在不斷增長。停！這對我們的大腦來說實在太多了。這會讓它關閉入口，啟動保護程式。

> **注意力可以說是我們大腦的保鑣。**

20世紀70年代末，廣播廣告開始盛行。那時候聽眾的耳朵完全應接不暇。在短短10年的時間內，美國平均每小時廣告時長已增至近19分鐘。電視廣告的發展史也大致相似。

到了1982年，在主要播出時段內，規定每小時廣告時長是9.5分鐘，而今天已經達到14至17分鐘了。我們的大腦必須全速運轉，來對各種資訊和刺激進行獲取、加工或者抵擋。這對消費者來說是好事——對廣告人來說卻是壞事，因為他們必須艱難地掙扎，才能使他們的想法從大量資訊中脫穎而出。

當今，獲得注意力已經成為成功廣告的同義詞了。而要獲得那一點點的不同往往需要一些小技巧，正如斯特芬‧埃格納博士（Steffen Egner）所說：注意力可以說是我們大腦的守門人。它像希臘神話中的百眼巨人阿耳戈斯一樣明察秋毫，牢牢守衛，只允許真正重要的東西通過大門。那麼，我們充滿創意的專業廣告人如何才能奉承它、誘惑它、給它驚喜呢？怎樣才能獲得守門人的一個首肯，甚至一個微笑呢？

我們把訣竅總結成為一個實用的公式，即L＋E＋C，L代表Location「定位」，E代表Emotion「情感」，C代表Craziness「瘋狂」。一個具備LEC效應的廣告將會被認真對待。L表示「定位」，我們的意思是行銷活動需要適宜的環境，來得以施展。這裡不適用噴壺原則（watering can principle），無目的地播撒資訊毫無意義。寶瀅（Persil）洗衣精的廣告非常適合洗衣沙龍這樣的場所。在那裡，顧客大腦的濾網向這些清潔、柔軟、舒適的洗滌產品敞開。大腦的守門人站到一邊，讓這些資訊滑入腦中。

Verwirrung fördert Durchbrüche.

困惑
會促進
突破。

赫曼・謝勒
（Hermann Scherer）

相反地，在晚間電視節目中插播的寶瀅廣告卻會碰上安逸慵懶的場景。顧客拿著薯條和葡萄酒，舒適地坐在沙發裡。思考有關洗滌事情的大門幾乎完全關閉了。這裡將不會有需求和想法。這個題目甚至還能再進一步延伸：一則廣告出現在一個完全不合適的場所，導致不合諧感。這個品牌將被賦予負面情緒，品牌形象下降。

讓我們看看網路上的情況吧，沒有什麼能比這裡更好地佐證這樣的形象損失了。你經歷過這樣的場景嗎？你想在一個網站上查些資訊，然後一秒鐘都不到，網站就彈出廣告窗，把你的視線完全擋住，讓你沒法再繼續看網頁內容。你生氣地關上網頁，腦海中卻留下一絲絲痕跡，讓你今後更加小心，別再去訪問這家網站。一則廣告的效果與承載它的環境可謂息息相關。

現在讓我們來看看公式中下一個參數——E，即「情感」。

一條古老的廣告界至理名言講道：「沒感情，就沒錢。」

大腦研究專家早已發現，我們的購買決策中百分之七十到八十都是無意識的，僅僅是感情用事。我們到底是買還是不買，感情影響著我們的行為。

我們每個人都熟悉這樣的內心感受，它似乎在腹部產生，常常告訴我們做什麼，不做什麼。我們把它稱為預感或直覺。而正是這些感覺在我們感到迷惘時充當指南針。後來往往證實，這些內心的感覺是對的。德國的《明鏡週刊》曾寫道：「人類絕大部分的交流信號通過迷走神經傳入大腦，並在大腦中掌控情感的區域進行加工，這一區域稱為邊緣系統。腹部與感覺之間緊密的聯繫是在人類進化過程中形成的。」❶

❶出處：http://www.spiegel.de/spiegelwissen/neue-forschung-wie-der-darm-das-wohlbefinden-beeinflusst-a-934518.html，2014年5月25日

大腦正在判斷的資訊，比如關係、價值、邏輯和知識，幾乎可以在腹部同步產生作用。一個絕佳的例子就是人事決定：有無數的辦法，從評估中心到專業的提問技巧。這些辦法能夠分析證書文憑、考察人生經歷、比較考試分數。這些都很好，無可挑剔，但最關鍵的部分依然是來自腹部深處的一種感覺，認定這些員工適合這家公司，認定他們能為了目標和價值赴湯蹈火、忠誠且熱情、能夠完成任務。抱歉，我這樣批評那些所謂的遴選程式，可是世界上沒有哪張證書能來證明員工具有這些真正重要的品質。

你們都看過科幻電影《星際爭霸戰》吧。大副史巴克（Mr. Spock），他有一半的瓦肯星球血統。他看起來很理性：不被情感所困擾，可以完全依賴理性分析做出判斷，可以帶領全體船員披荊斬棘。那麼問題來了：為什麼這個長著尖尖耳朵的、冰一般冷酷的男子沒能升職為艦長呢？對！因為他缺少了人性中最關鍵的一點：感情。這段題外話又將我們引回了行銷活動。

你必須讓你的廣告契合目標客戶群的主要情感。

你得打破常規，就像AXE牌男士香水所做的那樣。實作派會知道，要打造一個品牌，讓產品有畫面感很重要。他們自問：讓男士們每天噴在腋下，AXE香水能承諾些什麼呢？讓女人們像飛蛾撲火一樣被AXE的香氛所吸引，成群地、結隊地、風情萬種地來投懷送抱。這裡傳遞了這樣一條資訊：無論你是風流倜儻的迷人型還是不解風情的笨蛋型，使用這種身體護理產品都有效果。這條廣告打破了慣例。讓我們再來看看麥當勞的例子。這家企業承諾得簡單而又機智，讓家長在吵鬧的兒童世界裡得到一刻寧靜，去深呼吸，閉上眼睛。這裡打破了日常的生活秩序。

所有這些品牌都用感性的方式準確觸及目標客戶群那些最敏感的地方，或者說「需求」的所在。

　　然而並不是只有打破規則、設置場景和做出承諾能夠讓情感得以釋放。還有一個相當棒的辦法。如果沒有它，就沒有小說，沒有文學，而有些企業也無法取得今天的輝煌，那就是──講故事。沒有好故事，我們的世界將變得貧瘠。

　　儘管人人都在講故事，可是在聽到我這樣說的時候很多人都皺著眉頭問：到底什麼是講故事？其實這跟格林兄弟17世紀就在做的事情沒什麼兩樣。他們就是在用素材、情節和豐富的語言表達講故事。他們圍繞著故事核心把全部這些要素編織起來，這與今天的企業經理和行銷主管所做的事情並無不同。後者只是把一些資料和實際情況用有趣的語言包裝一下罷了。所以說，講故事並不是現代社會的發明，並不是20世紀90年代中期從美國開始走遍世界的流行趨勢，而是一種經過長期實踐的交流工具。

它是購買行為的驅動器，是客戶記憶的燒錄機。它將那些濃情瞬間留在我們心中。

讓我們來看看英國航空公司的一則廣告：「一張去看媽媽的機票。」很多年以前，一個來自印度的年輕人為了求學，帶著童年的回憶，來到紐約。那些對孟買的多彩的記憶，那裡的花香和香料味道，街道裡形形色色的小攤商鋪，這些回憶都讓他在陌生的世界裡更加堅強。可是只有一樣是所有這些生動回憶都無法取代的：那就是對媽媽的想念。

掃描QR Code上YouTube觀看廣告影片

沉浸在這樣的白日夢中，突然，這一切變得觸手可及。他毅然決定買一張英國航空公司的機票——順理成章。荷花的花瓣綻放，孟買的家門敞開。整個故事感情濃烈，相信在每位觀眾的心中都喚起了一種需要，它讓人們拿起電話，問候遠方的親人——或者乾脆直接訂張機票。

**瘋狂、感性、創意，
這些就是行銷活動需要做到的。**

或許這裡你會反駁道：「就算你說的是對的，但這些已經都有過了呀！」或者：「我還有其它什麼可做的呢？」然而一旦你碰到這樣的東西了，又會說：「這看起來太大膽、太冒險了，怎麼辦？」讓我們從第一個問題開始，答案是，你總會找到一些還不曾有過的東西。

Werbung machen ist wie Auto fahren: Sie müssen ausscheren, um zu überholen.

做廣告就像開車，你得變換車道，然後才能超車。

珍妮・哈雷尼
（Jeannine Halene）

在時尚界有一個簡單的例子：時裝設計師尼古拉‧弗米切提（Nicola Formichetti）只是曾幫助當時還未成名的Lady Gaga設計了一件衣服，就讓她聲名大噪。

2010年，弗米切提為她設計了那款傳奇般的「肉裙」。這樣的裙子可謂空前絕後：用生肉做的裙子——呃！Lady Gaga樂在其中，因為她在那次登臺後受到許多新聞報導，以前從未有過。

想法關乎創造力，關乎對右腦半球的訓練。還要加上些源於自信的舉重若輕，才能把瘋狂的想法呈現給世界。這兩點都已被我們遺忘，在學校，在職場，在生活中。你可以試著找20個孩子來問問：「你們會畫畫嗎？」20隻小手高高舉起，同時還要帶著長長的尾音喊著「會——！」但如果20年後這些人再聚在一起，你想會怎麼樣呢？面對同樣的問題他們會有什麼反應呢？對——沉默彌漫開來。最多兩個人，緩慢猶豫地舉起手。請告訴我，自信哪去了？對嘗試的熱情哪去了？衝動的快樂哪去了？

社會的規則反覆告誡我們，畫畫和玩積木都有結束的一天。我們把這種說法叫做「成長的遺忘現象」。而真相卻是：現在我們所有人都需要創造力，去成就事業，去給生活增添色彩。否則怎麼解釋人們不斷追求新的商業觀點，不斷尋找下一個馬克‧祖克柏（Mark Zuckerberg，美國社交網站Facebook的創始人）。

職場世界的發展趨勢是朝著企業家方向的。

為此，我們需要左腦與右腦齊心協力，用知識與創造力去成就事業，這已經不是什麼祕密了。

回到市場行銷，回答上面的第二個問題。假設，你找到了一個瘋狂的想法。那麼失敗的風險有多高？首先這個問題裡隱含著一層意思，就是你必須要給失敗下定義。我們見過很多公司，因為媒體把他們的公司名寫錯了，或者沒有一絲不苟地把他們的產品解釋清楚，就為這些大發雷霆。當然碰到這些情況是很遺憾，並且讓人氣憤，但比這些重要得多的卻是：媒體在報導你

壞的報導總比沒有強。

在前面「肉裙」的例子裡，負面報導像雪片般飛來。報紙的標題寫到：「Lady Gaga用真肉做的裙子帶來震驚」，還有「Lady Gaga，你贏了」。可能這次出場有點劍走偏鋒，但並不損害她的職業生涯，而且結果正相反。有創意，不走尋常路，已經不是新鮮事物了。85％的中小企業能夠在市場中生存下去，靠的就是與競爭對手保持差異。這個結論在行銷活動的問題上也完全適用。找到脫穎而出之路，並勇於實踐，因為：被關注決定一切！你的客戶會因此而青睞你——因為他也被囚困於日常生活中，就像頭腦中有個自動駕駛儀，總是圍繞著相同的主題，重複著相同的軌跡。

用新奇而不同的想法去干擾客戶的這部自動駕駛儀，你的機會來了。

德國的下一個最佳想法：
不斷尋找下一個哇喔效應！

Wellington Cunha / Pexels

只是：可惜在當今的世界裡，我們恰恰是被
教育成為沒有創意的人的。

要允許創新，作為企業就必須具備以下兩點：寬容和勇氣。

慢慢地，卻必然地，我們遺忘了這些天賦。幸運地是，我們還有專業人士。眾多的創意機構每天在努力地讓企業免於陷入平庸。

寬容，因為一開始想法往往還不成熟，不能呈現出一幅完整的圖片。很多時候，想法是在團隊的動腦激盪中產生的。有人提出了一個想法，或許一開始聽上去有點傻頭傻腦的，另一個同事完全未經斟酌就接受了，然後進一步思考，然後由下一個人進行最後的打磨。

假如缺少開放的態度，有多少想法會沉入所謂「創意之墓」呢？創造性地思考是一種遊戲。它把嚴謹拒之門外，還有那些繁瑣的教條。然後，在隨後的甄選過程中可以設置這樣的問題：「這一件是藝術還是可以丟掉？」

還有，想法是否符合你的個人口味，或者說符合你的預期，這並不重要。總是有這樣的人，他們顧慮重重地搖著頭說：「喔，這可太大膽了。」或者抱怨道：「這要是失敗了怎麼辦呢？」別理這些反對聲音。

不冒險就不會贏。

非同
凡想。

蘋果公司

這句口號是 1997 年蘋果公司
在一則創意廣告中提出的。

對我們來說，
這就像一首創
造力的讚歌。

Here's to the crazy ones.

The misfits.

The rebels.

The troublemakers.

The roind pegs in the square holes.

The ones who see things differently.

Thery're not fond of rules.

And they have no respect for the ststus quo.

You can quote them, disadree with them, glorify or vilify them.

About the only thing you can't do is ignore them.

Because they change things.

They push the humnan race forward.

And while some may see them as the crazy ones, we see genius.

Because the people who are crazy enough to think they can change the world,

are the ones cho do.

寫給那些瘋狂的人們，

那些不合群的，

那些叛逆的，

那些搗亂的，

那些格格不入的，

那些用不同眼光看待事物的，

那些不喜歡循規蹈矩的，

以及那些不安於現狀的人們。

你可以品評他們，

不認同他們，

讚美或是詆毀他們，

但唯獨不能做的是，忽視他們。

因為他們改變了事物。

他們推動人類向前發展。

或許他們在有些人眼裡是瘋子，

但在我們眼中卻是天才。

因為正是那些瘋狂到以為自己能夠

改變世界的人，

在改變著世界。

Visionen wirken stärker als Dynamit.

視覺的威力
比炸藥更加
強大。

沃爾夫岡・貝加
（Wolfgang Berger，德國哲學家、經濟學家）

最後一點：我們能得到屬於我們的創造力。對創新的事物，對不同尋常的事物，我們是否秉持開放態度？我們是否敢於走到懸崖邊上，去看波濤捲起泡沫？

然後我們的視野才放寬了。

讓我們用源於Fan Factory廣告公司日常工作中的一個小小的例子來進行說明：創意總監每月召集大家開一次會，主題是「瘋狂的狗屎以及其他發瘋的東西」。每個人都來談談自己經歷的或者發現的瘋狂事情。這裡沒有禁忌。每個人都把頭腦的濾網摘掉，把情緒調到最高。美妙的是：這麼做很有益處，一方面能激勵人，另一方面能發現好點子。

再來個例子好嗎？創意總監互換學生。在關係密切的廣告公司之間，透過這種做法可以互相接觸新鮮的空氣和想法。這樣有什麼用呢？他們知道答案，即創新的激勵和雙贏的收益。

我們有幸得出結論，創意人員就是如此行事。他們不合群。他們工作的核心是，重新審視爛熟於心的事物，為天才的想法創造空間，直達引起注意的目標。創造力由兩個部分組成：一個是創意實踐者的素質結構，另一個是他擁有的關於解決問題辦法的知識。

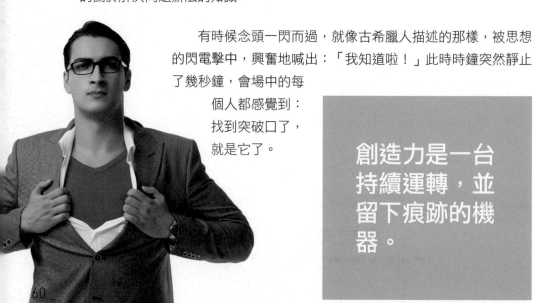

有時候念頭一閃而過，就像古希臘人描述的那樣，被思想的閃電擊中，興奮地喊出：「我知道啦！」此時時鐘突然靜止了幾秒鐘，會場中的每個人都感覺到：找到突破口了，就是它了。

創造力是一台持續運轉，並留下痕跡的機器。

有一項問卷調查問詢了 404 名創意人員，
最佳的創意來自何處，是什麼最大程度激發了靈感？

以下是調查結果[2]：

問卷調查：
在魚缸外，魚兒游得更遠。

五大創意誕生地點

媒體旁	辦公室裡	路上／	淋浴間或	運動中
（電視、雜誌、		上下班途中	浴缸中	
音樂等）				

> **最讓人歎息的瞬間：**
> **這個廣告必須增加 15% 的幽默度**

五大靈感之源

| 音樂 | 旅行 | 與朋友／ | 同事間 | 咖啡因 |
| | | 家人共處 | | |

[2] 出處：iStock公司2013年調查，對專業創意人員的問卷。

最後我們再來看看所謂的黃金點子。這被寫入合約中，以便增加報酬。這也是一種創意。但只有那些在撕下華麗外表後，經得起實踐考驗的創意才是真正具有生命力的。

我們應該學會一點：
創意是明天的貨幣──成功的創意是無價的。

順便說一下：你知道「坎普（Camp）」這個詞嗎？它源自於藝術領域，在19世紀與20世紀之際，浮誇的服裝風流行時期被廣泛使用。

維基百科這樣下定義：「Camp指過分強調修飾和誇張的藝術風格，可用於形容具備這種特質的所有文化產品。」❸

藝術總是存在爭議的，因為藝術喜歡違背主流。如果我們回溯過去，很遙遠很遙遠的過去，就會發現這種違背主流的歷史就像人類本身一樣久遠。藝術界把這種對新事物的追求，對不同尋常的追求叫做「坎普」。這些幾乎已被我們遺忘了，現在我們發現這個詞即使在今天仍不過時。

讓我們
坎普起
來吧！

❸ http://de.wikipedia.org/wiki/Camp_(Kunst)，2014年5月26日

04

最佳實例
向最好的學習

BEST PRACTICE
Learn von den Besten

向最好的
學習——
別人也有好點子啊。

廣告策略雖然多如牛毛，但總有一些如鶴立雞群者。下面我們就來展示不錯的範例，讓大家開闊眼界，提高創造力。

這些具有代表性的行銷活動和創意從眾多案例中脫穎而出,並取得了超乎尋常的成功。因為,他們看起來很不一樣。

▶ 做些平庸的事,純屬在浪費時間。
——瑪丹娜
(Madonna,美國著名女歌手、演員)

可以肯定,從長期來看,著名的「中產階級」將會解體。至少消費研究學者這麼說。這個結論用來比擬企業平庸的創意和行銷活動一樣適用。

那麼就讓我們來推翻那些爛熟於心的範本,鼓起勇氣,今天就開始與眾不同吧。

讓下面的這些案例來激發你的靈感。

轉換思維很難,但是值得!

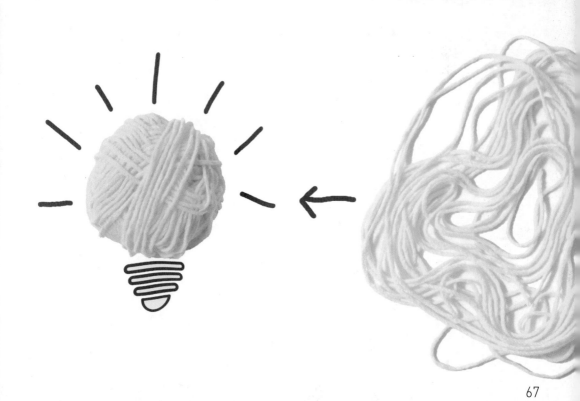

Ein Engel im Himmel fällt niemandem

沒人注意到天空中的天使。

蕭伯納

（George Bernard Shaw，愛爾蘭劇作家）

4.1

品牌

—— 紅與白 ——
只有紅與白的世界

生產番茄醬的亨氏（Heinz）公司把「梅因斯
05 第一足球俱樂部」體育場的一間休息室變
成小吃店。跟俱樂部的顏色簡直是絕配。

創意

　　「梅因斯05第一足球俱樂部」與番茄醬大廠商有什麼共同點呢？對，兩個標誌性的基本色：紅與白。亨氏的字母發音為海因茨，從發音上兩個名字也很相像。創意人員正是利用了這些，在梅因斯體育場設置一個亨氏休息室，讓足球俱樂部與品牌實現完美結合。從環境到擺設，所有細節都要考慮到：有球員簽名的足球形坐墊、運動上衣、圍巾、照片、燒烤圍裙、小擺飾以及看上去像番茄醬瓶一樣的香檳瓶。

特別之處

　　亨氏建立了忠實的粉絲群，並設法使品牌確實可見。

效果

- 成千上萬的熱情球迷
- 在社群媒體上被快速傳播
- 很多公司前來商洽租用休息室

檔案：			
什麼？	誰？	在哪裡？	什麼時候？
小屋行銷	亨氏番茄醬	德國梅因斯	2012 年 9 月

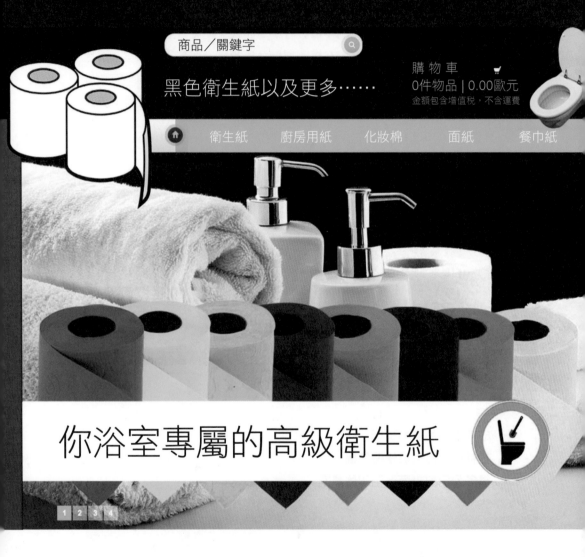

就是出彩

Renova ———
與浴室搭配的衛生紙

商品／關鍵字

黑色衛生紙以及更多⋯⋯

購物車
0件物品｜0.00歐元
金額包含增值稅，不含運費

衛生紙　　廚房用紙　　化妝棉　　面紙　　餐巾紙

你浴室專屬的高級衛生紙

廁紙成為出口產品：2005 年，葡萄牙 Renova 公司將彩色衛生紙推向市場——得益於這塊市場空白，這家公司今天擁有 650 餘名員工。

創意

　　我們的市場似乎對這款產品等待已久——彩色衛生紙。這款可愛的衛生紙最開始出現是在國際家居設計展上，如今它已擺上70個國家的超市貨架。生活是五彩繽紛的，一想到這裡，這家公司就決定不斷擴展產品目錄：新增面紙、餐巾紙、廚房用紙和化妝棉。但這些可絕不是便宜貨，6卷裝的衛生紙要賣4歐元。

特別之處

　　Renova填補了市場空白，因為它的前瞻思維和拒絕平凡的勇氣。思想是彩色的——從此衛生紙也一樣。這個簡單的創意讓這家公司帶領葡萄牙造紙業走出了危機。

效果

- 650名員工
- 銷售額翻倍
- 葡萄牙造紙業出口增加40%

衛生紙銷售總額達
1.35 億歐元

檔案：			
什麼？	誰？	在哪裡？	什麼時候？
衛生紙	瑞諾瓦	葡萄牙	2005 年開始

── 拯救北極熊 ──
融化棋（Meltdown）──
一款會化掉的遊戲棋

地球正在變暖，這會帶來巨大影響。為了
以遊戲的方式讓兒童了解氣候變化問題，
GEOlino 雜誌設計了一款遊戲棋。

創意

　　把北極熊家族從冰層上帶到更安全的陸地上來，誰能做到呢？這件事迫在眉睫，因為冰川正在快速融化。每副遊戲棋都附有製冰格和一塊海面材料的棋盤，這樣冰塊融化產生的水就可以被棋盤吸收。

　　遊戲傳遞這樣的資訊給孩子們：當溫度升高，冰會融化，北極熊面臨著危險。

　　GEOlino是一本兒童知識類雜誌，它設計出「融化棋」意在將青少年的目光引向地球暖化帶來的影響。

特別之處

　　運用遊戲和活動來引起關注。以前從未有過這樣的棋盤遊戲。它形象生動地展示一件會讓地球上每個人都感到不安的事情。社會對此回響非常強烈。

效果

* 第一版遊戲棋專為個別學校生產
* 許多來自世界各國的學校、家長、環保組織和部落客前來洽談諮詢
* 媒體的強烈關注
* 開始商業銷售

檔案：			
什麼？	誰？	在哪裡？	什麼時候？
棋盤遊戲	GEOlino 雜誌	德國	2013 年

Perfektion ist Zeitlupe, Fantasie ist Lichtgeschwindigk

完美主義是
時光的慢鏡
頭，幻想是
光速前進。

赫曼・謝勒
（Hermann Scherer）

從純植物麵包醬中
誕生的百萬公司

1979 年，當蘇珊‧順寧（Susanne Schöning）
女士在自家烤爐前做試驗時，根本想不到她
的麵包醬日後會獲得怎樣的成功。

創意

　　每個想法都有它的動機。在蘇珊·順寧女士這裡，動機就是捉襟見肘的家用和不用香腸乳酪做飯的樂趣。她走到烤爐前，混合出一種新的抹麵包醬汁——洋蔥蓉。這就是茨威根維澤（Zwergenwiese）公司成功史的開端。

　　如今這家公司的產品囊括100餘種麵包醬、芥末醬、番茄醬和水果醬。原料自始至終都是100%有機種植作物。其實與最初相比，不過就是煮醬鍋大了點而已！

特別之處

　　品質始終如一。這麼年來，茨威根維澤用同樣的方式進行生產。特別是在人們愈來愈注重營養的現在，他們的產品出乎意料地熱賣。這說明，有些潮流也可以做到恆久不變。

效果

- 主導純植物麵包醬行業創新和發展
- 員工達80餘人

年銷量超過 **1,000** 萬歐元

檔案： 什麼？	誰？	在哪裡？	什麼時候？
麵包醬	茨威根維澤公司	德國，錫爾伯施泰特	1979 年開始

世界上第一本能吃的「烹飪書」

格斯騰柏格（Gerstenberg）出版社按照字面
意思重新解讀了「烹飪書」這個詞──然後
向市場推出了世界上第一本能吃的烹飪書。

創意

　　其實這本書是為取悅商業合作夥伴而設計的，但結果卻大獲好評。很快地，這不同尋常的東西成了大家奔相走告的話題：一本用意式麵皮做成的書。它可以烤著吃，可以夾餡；可以填飽肚子，也可以當裝飾。這可真是新鮮事。

　　順便說明，這本書要做出成品比想像的要困難得多。實驗進行數周之久，就為了找到能承受裝訂機壓力的麵皮材料。這款產品受到熱烈追捧。不只是商業合作夥伴，顧客也想得到這本烹飪書。出版社很快做出回應，把它推向市場。祝你胃口大開！

特別之處

　　最初作為行銷工具設計出來的烹飪書，最終成為一款用於銷售的商品。從語義上來講說得通，它玩了一語雙關的遊戲。

效果

- 第一版產品在短時間內銷售一空
- 巨大的媒體回響
- 該出版社的形象由「保守的傳統印刷廠」轉變為具有創新精神的出版商

檔案：			
什麼？	誰？	在哪裡？	什麼時候？
能吃的「烹飪書」	格爾斯騰堡出版社	德國，希爾德斯海姆市	2012 年

——掛在牆上的神父——
有天主教神父照片的掛曆
成了暢銷品

2004 年，業餘攝影師皮耶羅·巴齊（Piero Pazzi）製作出「羅馬掛曆」。此後每年銷售上萬冊。

創意

　　這種掛曆很快成為羅馬紀念品商店的搶手貨。打開封面，你不僅會看到天主教神父的照片，還有旅遊提示和不少關於歷史、地理和梵蒂岡的有趣資訊。所以，這本掛曆同時也可被當做遊覽這座教堂之國的旅遊指南。

　　掛曆上的「神父模特兒」並非全部都是攝影師從梵蒂岡找來的，愈來愈多世界各地的神父紛紛與之取得聯絡，表示自己也希望登上掛曆。2015年，修女們也有自己的掛曆啦。

特別之處

　　一個古板的主題，結合攝影藝術，再加上豐富的資訊內容，就喚起了民眾的注意力。

效果

* 媒體反應熱烈
* 羅馬紀念品商店的熱銷商品
* 2015年推出修女掛曆

每年銷量逾 **10,000** 冊

檔案：			
什麼？	誰？	在哪裡？	什麼時候？
掛曆、旅遊指南	梵蒂岡	義大利，羅馬	2004 年開始

**Still ist,
eine Identität
zu erwerben,
nicht ein Label.**

格調，是在追求一種定位，而不是一個標籤。

湯姆‧福特
（Tom Ford，美國著名設計師）

蓋瑞・范納洽──企業主、作家以及自學成才的侍酒師

他想為陳舊的葡萄酒業界帶來新鮮的聲音，好消除所有的誤解，讓人們重新去好好享用美酒。他成功了。

創意

蓋瑞·范納洽（Gary Vaynerchuk）自我評價說，他是天生的企業家。八歲時，他學會如何榨檸檬汁，然後很快就在家附近開了7個賣檸檬水的小攤位。有時候企業家的天賦真的是與生俱來。

范納洽在父母經營的葡萄酒店裡長大。1997年，他註冊成立了葡萄酒圖書館網站（WineLibrary.com）。此後的短短幾年間，他們家的生意蓬勃發展，銷售額從300萬美元直衝到4,500萬美元。

2006年，他設立了WineLibraryTV.com網站。每天這個影片部落格網站的訪問量達到10萬人次。他毫不拘謹的登場，他對葡萄酒的熱情和獨特的語言表達，讓他的葡萄酒部落格幾乎獲得偶像級地位。如今，這位網路上的葡萄酒導師依然在改變葡萄酒世界的路上不斷前行，去完成他所肩負的使命。

特別之處

蓋瑞·范納洽給自己訂下一項任務，然後透過他的行動和全身心的投入使自己成了一個品牌。作為葡萄酒界的偶像人物，他的書銷量斐然。同時，他也成為炙手可熱的演說家，頻頻受到邀請。

效果

- 媒體關注度高：電視採訪、報導以及署名文章
- 他的書籍廣受歡迎
- 銷售額從300萬美元增加到4,500萬美元

影片部落格每天訪問量達 **10** 萬人次

檔案：			
什麼？	誰？	在哪裡？	什麼時候？
葡萄酒貿易	葡萄酒圖書館網站	美國，新澤西州	1997 年開始

像德古拉[4]那樣睡覺

坐落在柏林中心區的一家名為 Propeller Island City Lodge 的旅館有著非同尋常的創意：總共 27 間客房都有截然不同的主題。

創意

　　喜歡驚悚風格的客人，可以睡在帶蓋子的棺材裡。別擔心：蓋子上的十字形氣孔會給你帶來空氣。這間房間的名字叫墓室，其中的陳設極為怪誕，絕對會給你留下難忘的回憶。而這正是我們想要的：一種不同於普通旅館的印象。

效果

- 來自世界各地的諮詢和預定
- 這家古怪的旅館幾乎總是客滿

[4] Dracula，英國小說中著名的吸血鬼的名字。

葡萄酒愛好者之家

這是歐裡希（Ohlig）爺爺的鬼點子：他的舊酒桶如今變成了旅館。

創意

位於呂德斯海姆的畫眉鳥小巷（Drosselgasse）旅客絡繹不絕，如果因為在那裡玩得太晚而無法趕回家，那麼可以直接睡在酒桶裡。除了兩張舒適的床以外，每個酒桶都以萊茵河丘陵地帶的某一葡萄酒產區命名。那麼，乾杯吧。

效果

- 自從酒桶旅館開張以來，呂德斯海姆的遊客比以往更多了

—寸光陰一寸金

不起眼的小店——計時咖啡廳
（Café Ziferblat）出售時間

泰晤士河邊的最新號外：一間咖啡廳，這裡的顧客只為時間買單。咖啡屋的主人從俄羅斯帶來了這個好主意。

創意

在計時咖啡廳的一分鐘要3個便士，折算一下就是每小時2.10歐元。為了那些慷慨的客人，這裡還設有可以捐錢的餅乾盒。連接著筆記型電腦的舊式立體音響裡播放著流行音樂，時不時地還來一首俄語小曲，因為咖啡廳的創始人，也是所有人之一，伊萬‧米汀（Ivan Mitin）是莫斯科人，而且已在那裡以及烏克蘭開設了9家計時咖啡廳。

特別之處

在星巴克和其他連鎖咖啡店之外，計時咖啡廳終於創造出一種把人們聚集在一起並且帶來價值的理念。它把人們關注的焦點引向一種珍稀資源，那就是時間。這個想法太瘋狂了，瘋狂得真棒。

效果

- 第一家計時咖啡廳非常成功，顧客多到無法想像，目前在英格蘭以外地區又開設了分店

檔案： 什麼？	誰？	在哪裡？	什麼時候？
概念式餐飲	計時咖啡廳	俄羅斯，莫斯科 英國，倫敦	2013 年

Sie brauchen keine Kunden – Sie brauchen Fans!

你不需要顧客，你需要的是粉絲！

珍妮・哈雷尼
（Jeannine Halene）

── 公平而誠實 ──
一個不尋常的理念

亞瑟‧帕茨‧道森（Arthur Potts Dawson）創
立了「人民超市（People's Supermarket）」，
為了證明：有一種辦法可以讓我們的生活不再
依賴那些大牌食品供應商。

創意

　　「人民超市」看起來更像一個團體組織。只需付25英鎊就可以成為會員，購物享受10%的折扣。但同時每月必須到店裡義務勞動4小時。哪些商品可以擺上貨架，由顧客自主決定，而不是被那些大牌供應商牽著鼻子走。道森先生，這真是個好主意！

特別之處

　　成功的祕密：回歸過去的價值觀。現在有很多人開始懷念過去踏踏實實的日子，他們是左派，希望勞動者來主導當今的消費社會。

效果

- 2012年2月，會員數達到1,000人
- 目前有12名固定員工
- 良好的媒體效應，眾多的網路報導

檔案：			
什麼？	誰？	在哪裡？	什麼時候？
概念與品牌	人民超市	英國，倫敦	2010 年 5 月

4.2 戸外

Ich habe kein
Marketing gemacht.
Ich habe immer nur
meine
Kunden geliebt.

我沒做什麼市場行銷，我做的始終只是去愛我的顧客。

季諾·大衛杜夫
（Zino Davidoff，瑞士籍烏克蘭裔企業家、奢侈品牌 DAVIDOFF 創始人）

——— 一次正確的揮杆 ———

《高爾夫大師（Golf Digest）》
——高爾夫培訓課廣告

了不起：遊擊行銷行動
借 2011 年歐米茄杜拜沙漠經典賽的東風。

創意

　　為了給高爾夫愛好者留下深刻印象，提高雜誌銷量，《高爾夫大師》雜誌讓大家想起了每位球手都渴望的事：完美的高爾夫揮杆。在歐米茄杜拜沙漠經典賽舉行期間，創意人員思索著，一切重要的事情都圍著這個小小的白球在轉。他們很快開始把高爾夫球黏在汽車玻璃窗上。用這一遊擊行銷行動吸引讀者，傳遞的資訊很明確：《高爾夫大師》雜誌能幫助你減少差點，提高球技。

特別之處

　　這次活動非常引人注意，因為它模擬出車窗碎裂的效果，把人嚇一跳。無論多麼熱愛高爾夫球，看到自己汽車的玻璃被打碎也沒法做到無動於衷。

掃描QR Code上
YouTube觀看廣告影片

效果

- 在為期四天的比賽期間，有476位司機「遭遇」此次活動
- 活動在比賽期間被津津樂道，不僅口口相傳，還在網路上被廣為傳播

此次活動後雜誌銷量增加了 **200%**

檔案：			
什麼？	誰？	在哪裡？	什麼時候？
遊擊行銷活動	《高爾夫大師》雜誌	阿聯酋，杜拜	2011 年 9 月

「洗車公園」洗車店——
給愛乾淨的顧客一個髒廣告

「洗車公園」洗車店在落滿灰塵的汽車車窗
上擦出了一個洗車優惠券。怎麼做到的呢？
很簡單：用鏤空的紙板。

創意

在聖保羅有500多家洗車店。怎樣才能從這眾多的洗車店裡脫穎而出呢？「洗車公園」想出了一個辦法：這家公司創造性地發起一次髒車窗行動，吸引車主們前來洗車，做法就是在積灰的車窗上擦出一個優惠券。帶著這張優惠券，汽車到店清洗可享受半價折扣。

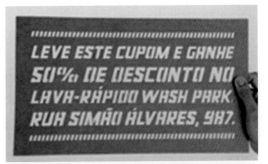

特別之處

不用投入巨額的資金來吸引眼球，僅僅是一個簡單的創意就讓公司獲得顧客的好感，讓門口等著進場的汽車排起長隊。

效果

- 一個月內多洗了77輛汽車
- 在幾乎沒有額外投入的情況下取得20%的增長

此次活動後洗車量增加了 **20%**

檔案：			
什麼？	誰？	在哪裡？	什麼時候？
遊擊行銷活動	「洗車公園」洗車店	巴西，聖保羅	2013 年 3 月

—— 變大變大 ——

能走進去的鞋盒

為了慶祝廣受歡迎的斯坦·史密斯（Stan Smith）系列運動鞋發售50周年，愛迪達在倫敦肖爾迪奇區開了一家外觀像鞋盒的「快閃店（Pop-up-Store）」。在為期三天的營業期內，店內有各式各樣的有趣活動，這裡還能買到該系列運動鞋的限量版。接著，快閃店還開到其他歐洲大城市中。這次活動吸引了大量路人及該品牌的粉絲。

吉他英雄

大多數的吉他店和樂器店都有自身的迷人之處，靠的就是店主的個人素養和對樂器的甄選。英國南安普敦市的吉他商店（The Guitar Store）卻以它極其獨特的門面視覺效果——一個巨大的Fender吉他音箱——留給人難忘的印象。全世界獨一無二。此外，吉他音箱視覺效果也是該店網站的醒目特徵。好看、醒目、有效！

巨型迪奧手提包

一般情況下這裡應該豎著雜亂的工地鋼架，並且張貼著「即將開幕」或「這裡將有一家新店」之類的告示。可是誰喜歡平淡無奇呢？在位於紐約57號大街的迪奧專賣店翻新改造期間，取代那些鋼架或防水布幕的是巨型的迪奧手提包。這可真算得上是吸睛神器了。

最微小的想法將成為最偉大的創意。

**Bebor wir
fallen, fallen
wir lieber auf.**

在墜落之前，我們更願意落得出眾。

Fanta4
（驚奇嘻哈四人組，德國著名樂團）

你託付的人可靠嗎？——
好事達（ALLSTATE）
汽車保險公司問道。

Are you in Good Hands?

Allstate

人們都不只一次地看向那裡！好事達公司用
這則遊擊廣告給顧客和路人造成錯覺。

創意

　　半懸空狀態：位於芝加哥的瑪利亞塔大樓最大的特色是沒有外牆。好事達公司在其中一層放置了一輛汽車，並讓車頭越出樓外一大截，懸在空中。車頭下面的廣告條幅上寫道：你託付的人可靠嗎？一個令人圍觀和驚詫的廣告活動。同時還以電視廣告對這次活動加以補充。

特別之處

　　劇情還是活動？管用就好！耗費巨大資金製作出的廣告追求的也不過是兩點：迷惑觀眾和吸引注意。這兩點都是在加深印象而已。

效果

- 在當地和全球都有電視廣告
- 在網路上被廣泛轉載和評論

活動開始後的一個月內，
公司保單增長 **28.7%**

掃描QR Code上YouTube網
觀看廣告影片

檔案：			
什麼？	誰？	在哪裡？	什麼時候？
遊擊行銷活動	好事達汽車保險公司	美國，芝加哥	2010 年 9 月

──── 環境藝術家 ────
冷卻，拒絕全球變暖

一個游泳池底部張貼一張巨大的城市鳥瞰圖——這是為全球首家氣候保護銀行「匯豐銀行」的環保主張專門訂製的遊擊行銷行動。游泳池邊一條橫幅上印有網址。

效果：在活動期間和活動後，該網址的點擊量增長了300%。

廣告柱女神

奧地利薩爾茨堡的一家廣告公司為時裝品牌Diva by makole設計了一次別出心裁的遊擊行銷活動。他們為廣告柱穿上短裙，打上蝴蝶結，讓過路的人都忍不住去一探「裙下風光」。該創意曾在「結合遊擊行銷運用傳統媒體」獎項中被評為金獎作品。

聯邦快遞對決 UPS 快遞

在這兩家國際物流服務巨頭間，競爭始終是進行式。聯邦快遞（FedEx）這次用有趣的方式來告訴大家，他們的員工比UPS運輸得更快、更多。我們為這個創意豎起大拇指。而且，顯然其他人也這樣認為，所以這則廣告獲得了「銀犀牛獎」。

沒什麼
是不可
能的。

113

—— 沒品味 ——

格調家居（Stilwerk）成為城市中茶餘飯後的談資——杜賽道夫城裡的「沒品犯罪」

為了讓人們重新關注好的品味，在杜賽道夫的國王大道上出現了一種新型「犯罪」，即沒品味的傢俱。

創意

　　什麼目的？讓人們來討論「格調家居」傢俱店。什麼主題？位於國王大道上的家居設計和生活格調。難點：沒錢。沒關係，只要你有天才的想法，而且有些打算扔掉的展品。寫有「沒品犯罪」的大封條引爆了整個活動，吸引大量買家光顧傢俱店。

特別之處

　　用簡單的材料、高度的幽默感、很少的資金投入，在當地成功地引起了關注。這次活動在幾個星期內都是杜賽道夫當地的第一話題。這是一次夢幻般的成功！

掃描QR Code上
YouTube觀看廣告影片

效果

- 充實了當地所有日報的版面
- 積極的社會回響──直至今日！

活動期間進店顧客數增加 **50%**

檔案：			
什麼？	誰？	在哪裡？	什麼時候？
遊擊行銷活動	杜賽道夫格調家居傢俱店	德國，杜塞道夫	2011 年夏天

Aufmerk-
samkeit ist
die neue
Währung.

注意力是一種新的貨幣。

喬治・弗蘭克
（George Franck，德國建築設計師、城市規劃師）

躺在一堆馬鈴薯和白菜中間的假人——顧客來偵破謀殺案

超市中發生了難以置信的事件：光天化日下的謀殺。

創意

　　一家艾德卡（Edeka）超市在店內設置了謀殺場景。業餘演員在貨架間上演一場謀殺事件。在超市進門處工作人員已將案件調查資料發給顧客，並且問道：誰是兇手？我們每個人身體中都藏著一個小小的福爾摩斯。

特別之處

　　在這家超市可一點不會覺得無聊。在這裡你將經歷一些超乎尋常的事情，讓你渾身起雞皮疙瘩。

效果

- 活動當天營業額超過6.5萬歐元，其中近19%集中在晚上8點以後的營業時段。
- 從晚上8點到凌晨零點，賣出的「兇手肉排」超過100份，「魚＋馬鈴薯塊套餐」60餘份
- 獲得2012年「商戶自創大型促銷」獎項的「銷售獎盃」

活動當天營業額超過 **6.5** 萬歐元

檔案：			
什麼？	誰？	在哪裡？	什麼時候？
商店活動	里特貝格市艾德卡超市	德國，里特貝格	2011 年 11 月

收集飲料瓶可派上「大用處」了

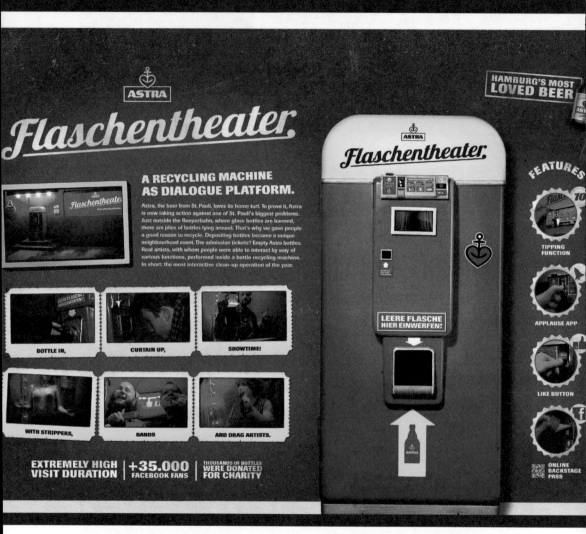

為保障公眾安全，著名的紅燈區所在地——
漢堡市聖保利區實施了玻璃飲料瓶禁令。而
這項禁令卻成為一場行銷活動的基礎。

創意

　　充滿情趣色彩的自動飲料瓶捐贈機，每個投入自動捐贈機的飲料瓶都被視為一張票。用它做什麼呢？點擊捐贈機的螢幕看一場小型表演。這次活動在Facebook上非常受歡迎，點擊量直線上升。

特別之處

　　禁令看似給人們帶來不便，卻有提高安全指數的積極作用，更何況還有增值的好處。將增值效應運用在提高Astra啤酒品牌的知名度，真是聰明的做法。

效果

- 獲2013年度ADC（The Art Directors Club，紐約藝術指導俱樂部）德國選區兩項銀獎和兩項銅獎
- 被評為2012年度十大成功行銷活動
- 活動收集的飲料瓶兌換的押金1全部捐獻給慈善事業

掃描QR Code上
YouTube觀看廣告影片

活動期間 Facebook 網站上的粉絲量增加了 **3.5** 萬

檔案：			
什麼？	誰？	在哪裡？	什麼時候？
跨媒介行銷活動	赫力斯特啤酒股份有限公司，Astra 牌啤酒	德國，漢堡	2012 年

註　德國大部分塑膠飲料瓶上印有可回收標誌，消費者在購買這些瓶裝飲料時須同時支付押金，並在退回飲料瓶時兌換押金。

看起來像保齡球的球形物體

身邊的尋常物件搖身一變成了保齡球——這讓顧客感到新奇不已。

創意

為了吸引新顧客，比利時根特市大學城區的一家保齡球館Overpoort Bowl發起這次遊擊行銷活動：只要是球形的物體，貼上一塊小貼紙，就成了一顆保齡球。另外還有一張貼紙標示保齡球館的名字。

效果

- 活動當月該保齡球館全部訂滿

使勁咬著的看板

這費力撕扯的一幕給人留下深刻印象。這幅巨型看板要說明的內容一目了然：牙膏是超強的，更強的是牙齒。

創意

　　Formula牌牙膏的這幅廣告，看起來給人「強效堅固」的印象。此外，在廣告投放處周邊的餐廳，人們還能看到牙刷造型的牙籤盒，細細的牙籤像極了牙刷毛。此舉也達到啟迪的目的：好好護理牙齒是多麼重要。

效果

- **這真是個超強的創意，周圍超市中此廣告商品紛紛售罄**

Erfolg gibt Ihnen immer recht.

讓成功來證明，你是對的。

珍妮・哈雷尼
（Jeannine Halene）

在等候登機的時候，順便贏一次夢
寐以求的旅行怎麼樣？
——這想法太棒了！

如果機場的旅客或機場商店的顧客有機會贏
取免費旅行，會怎麼樣呢？——讓我們說做
就做吧。

創意

為了拉近與顧客的距離，澳洲阿德雷德機場的市場行銷部門想出一個深入人心的創意。顧客如果在機場商店裡購物，就有機會抽獎贏得一次旅行。為了招攬和鼓勵不同的消費群體，獎項很快被確定為三條極具吸引力的旅行路線。醒目的地面貼畫鼓舞著人們前來參加抽獎。

特別之處

這場活動為煩悶的候機時間帶來樂趣。活動現場火爆到難以形容，因為第一，顧客們有時間，第二，他們有興趣。

 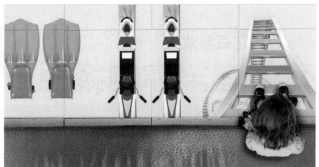

效果

- 與此前的其他商業活動相比，此次參與抽獎的人數明顯增加
- 索取抽獎單的人多到讓參與活動的商鋪應接不暇

檔案：			
什麼？	誰？	在哪裡？	什麼時候？
遊擊行銷活動	阿德雷德機場	澳洲，阿德雷德市	2013 年 1 月

有了它，你的錢絕對保險

三百萬美元？拿去吧。可惜沒這麼容易，因為這些錢安裝在兩層 3M 的安全玻璃中間。

創意

　　3M公司在加拿大用一種極具挑戰的方式，展示它的安全玻璃產品的性能。利用人們想要「據為己有」的心理來展出商品，那些看似唾手可得的鈔票，就像在朝人們招手。這就是防彈玻璃生產商——3M安全玻璃公司在溫哥華某個公車站的廣告。

效果

- 那些親自「測試」玻璃的人，自發地透過社交網路宣傳這次活動
- 所有作出嘗試的人，在這之後都對該產品的安全性能深信不疑！

為了讓一切通暢起來

樂可舒（Dulcolax）是一款治療便祕的藥物。
——除了造型廣告柱以外，無需多言語。

創意

　　廣告柱上貼了一幅廣告板，看起來就像一捲用完的衛生紙，沒有其他文字。樂可舒是一款治療便祕的藥物。這捲用到最後一點的衛生紙告訴我們：這藥效果很好。結論：這是一次很通暢的行銷！

效果

- 網路點擊量超50,000次
- 活動期間該產品在藥店的銷量大幅增長

―― **黏住你沒商量** ――

如果說百特（Pattex）萬能膠能黏住一切，那乾脆把足球也黏住吧！

一場不尋常的商標廣告，證明了百特萬能膠的超強黏合力。

創意

一場讓人難忘的戶外廣告始於球門後的商業廣告：一塊帶有不乾膠層的廣告板。在足球比賽中發生了一件讓觀眾驚訝不已的事情：那些沒能成功射門的球，黏在球門後的百特商標廣告板上了。這是一則真正強力的廣告。

特別之處

產品難以置信的黏合力，再加上德國最受歡迎的體育活動，向人們展示著廠商對自己產品的自信。

效果

* **球賽期間以及之後Facebook網站以及個人部落格轉載量增加**

體育場內 **6** 萬餘名觀眾
再加上 **900** 萬電視觀眾成為廣告受眾

檔案：			
什麼？	誰？	在哪裡？	什麼時候？
遊擊行銷活動	漢高集團旗下德國百特萬能膠	德國，杜塞道夫	2006 年 3 月

Präsenz
macht
sexy.

敢於展示
的就是性
感的。

赫曼·謝勒
（ Hermann Scherer ）

── 路面藝術家 ──

Jeep 的「越野」停車位

2007年春天，一次有趣的遊擊行銷活動在哥本哈根持續數周之久。活動的目的是：讓消費者間接且具象地感受到Jeep汽車的越野性能。我們認為這次活動非常成功。

為了舒適的感覺

杜蕾斯（Durex）在全球超過150個國家雄踞保險套市場領導者地位。為了推廣新款螺紋和凸點系列保險套產品，一條由防滑路磚鋪就的斑馬線，被畫成保險套的摸樣，因為它們的樣子的確很相似。這次遊擊行銷活動於2007年6月在比利時多個大城市同步展開。

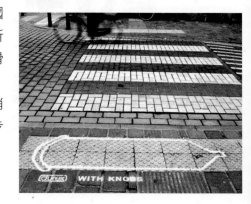

讓一切更乾淨

在這則路面廣告活動中，馬路上髒兮兮的斑馬線中，其中一條被刷成嶄新的白色，在周圍環境中十分搶眼，目的是突出Meister Proper牌去汙劑強大的去汙能力。為了讓顧客聚焦產品，這是一個有效果、有創意又省錢的好選擇。

想在大街上洗澡？沒問題！

全世界最大的淋浴蓮蓬頭在哪裡？在國際糖果及休閒食品展覽會（ISM）舉辦期間，德國法蘭克福的中心廣場給出了答案。

創意

　　這個又名瓦爾特-馮-克容伯格的廣場上有一處噴泉，高儀（Grohe）衛浴公司就利用噴泉不斷變換的水柱，把它變成世界上最大的淋浴蓮蓬頭。做法很簡單，圍繞噴泉池在地面上畫出一幅巨大的3D立體畫。與此同樣「巨大」的是這次活動喚引的公眾關注。

效果

- 讓展商和顧客耳目一新，並被快速透過網路社交媒體發佈和轉載

你的汽車在想什麼？

即使是一輛車也有它自己的理想和願望──
當一輛高爾夫 GTI。

創意

　　不只是人類會夢想擁有完美的車型，汽車自己也會呀。大眾汽車的這次行銷活動的形式是在停車場的天花板上掛上看板。每個車位上方都掛著一個雲團形狀的對話方塊，像漫畫書那樣描繪著汽車的內心活動。上面有一副高爾夫GTI車型的圖片，以及一行字「我真希望我是一輛……新GTI車。」

效果

- 快速的網路轉載
- 活動當地汽車經銷商表示，廣告期間顧客對新款GTI車型興趣大增

── 鐵窗之後 ──

驚悚！

這次非同尋常的路面宣傳活動，旨在讓行人關注很多國家中存在的侵犯人權問題。

創意

　　當你提著滿滿的購物袋走在一條購物大街的中間時，柏油馬路上伸出了求救的雙手，使勁抓著柵欄形的排水溝蓋搖晃著，看上去就像是在搖晃監牢的鐵窗。這是為了讓人們了解世界上有著形形色色的隨意囚禁的理由，例如：信仰錯誤、觀點錯誤、立場錯誤。這是2002年的一次驚悚、但具有強烈表達力的推廣活動。

效果

- 國際特赦組織的相關專案受到更多關注
- 活動期間，國際特赦組織的網站點擊量增加

有點誇張，但是很棒

Slim Fast 是一個減肥食品品牌，生產各種各樣的減肥食品。站在體重秤上，你唯一能做的，就只剩下望著快速減少的數字震驚了。

創意

　　這是一則路面廣告活動：在柵欄形的排水溝蓋板上有一頂棒球帽。帽子旁邊是一罐剛吃完的Slim Fast食品罐。吃了Slim Fast的減肥食品，你將瘦得飛快。想出這個創意的人真是把Slim Fast的字面意思「瘦得快」認真地拿來用了。

效果

- 很多行人為此感到驚奇，並很快透過網路社交媒體發佈到網路上
- 廣告效應與瘦身效果一樣出色：總之就是快！

Andere
denkan nach-
wir denken vor.

我們來前思，讓別人去後想吧。

林悟道
（Udo Lindenberg，又名「烏多‧林登貝格」，德國著名搖滾歌手）

這裡在轉
粉紅色來保護你！

在紐約的一家洗衣沙龍裡有一則廣告，你看了不會覺得不舒服。

創意

　　滾筒洗衣機的門變成胃的視窗。這次活動的內容是把人的上半身照片貼到洗衣機上，用滾筒窗的視覺效果來模仿胃中的場景。

　　廣告詞是「不管你往胃裡扔什麼，粉紅色都在保護著你。佩托比斯摩（Pepto-Bismol）消化藥。」

效果

- **活動期間，到周邊藥店購買此商品的顧客多於以往**

只在需要的
時候有風

怎樣才能讓人們切身感受一下汽車啟停系統
（Start-&-Stop）呢？

創意

　　飛雅特500車型的啟停功能變得既新奇又好玩。同意參與活動的酒吧、餐廳和劇院的廁所烘手機被做成汽車的模樣，它帶來的可不僅僅是熱風喔。

效果

- 在市場上同量級車型中，飛雅特500保持著最環保的形象，這次活動更加鞏固了它的地位
- 飛雅特網站的環保專欄點擊量大增

體重的說服力勝過千言萬語──健身第一（Fitness First）用它來網羅顧客

真實到無情的廣告，連鎖健身工作室以此招攬許多新顧客。

創意

　　「健身第一」連鎖健身工作室在鹿特丹開展的遊擊行銷活動真是調皮。一個公車站的座椅內被裝上體重秤，只要等車的乘客一坐上去，旁邊的大顯示幕就赫然顯示出這位乘客的體重公斤數，簡直一覽無遺。

特別之處

　　有些人覺得這次活動有破壞隱私保護之嫌，還有些人甚至氣得直跳腳。但有一點是肯定的──每個人都暗下決心：明天我一定得再去健身房了。

效果

- **該活動在知名的廣告和設計網路部落格上被轉載**

檔案：			
什麼？	誰？	在哪裡？	什麼時候？
遊擊行銷活動	健身第一工作室	荷蘭，鹿特丹	2009 年 3 月

給所有人的停車位

　　腳踏車車位旁的看板上用雙關語寫道：獻給您這個立柱──輝瑞（Pfizer）。文字配以輝瑞製藥公司生產的威而鋼的圖片，一切盡在不言中。這則有趣的腳踏車位廣告，讓旁邊街角處的藥店獲益匪淺。

為了心臟爬樓梯

　　電梯的門上貼著一幅Becel商標，下面是一行字：做點運動，愛護心臟。電梯門打開後看到的是一幅向上的樓梯的圖畫。這是隸屬聯合利華旗下的一個植物黃油品牌Becel所做的廣告。效果：很多人看到廣告後會心一笑，然後轉身去爬樓梯了。

綠色好味道

　　遠遠看去，一隻巨大的白色叉子，叉齒朝上，頂著一個鬱鬱蔥蔥、枝葉繁茂的樹冠。這是瑞士連鎖素食餐廳的一則遊擊廣告。傳遞的資訊很清楚：他們的食材新鮮極了。在活動後，這家餐廳成了街頭巷尾的話題，很多新顧客前來光顧。

標新立異，
立於
不敗之地。

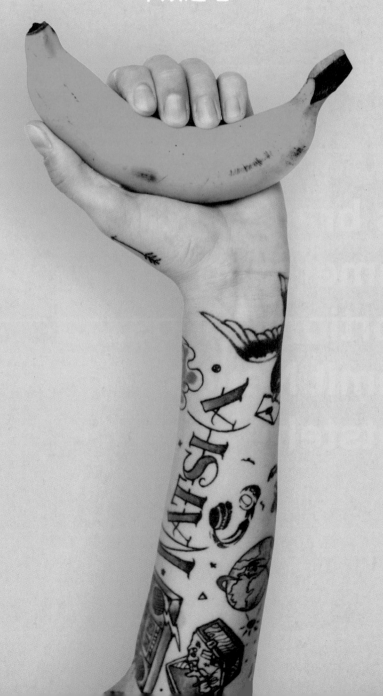

Es braucht
immer eine
Portion Chaos,
damit Neues

破舊立新，
總難免要經
過一時的混
沌。

赫曼・謝勒
（Hermann Scherer）

一個火辣的驚喜

世界名模伊娃·帕德貝格（Eva Padberg）親自把最新的 Otto（德國 B2C 網路電商）廣告商品目錄送到你的家門口，這是真的嗎？

創意

　　一個印著伊娃·帕德貝格真人比例照片的厚紙板被放在有監視貓眼的入戶門前。每個透過貓眼往外看的人，都會看到這位超級名模手拿最新的Otto廣告商品目錄站在門前。這次活動為德國成千上萬個家庭帶來意外驚喜。

效果

- 活動當期廣告商品訂單量較之前增長了四倍。或許有的消費者還在期待著伊娃把網購的商品親自送過來呢

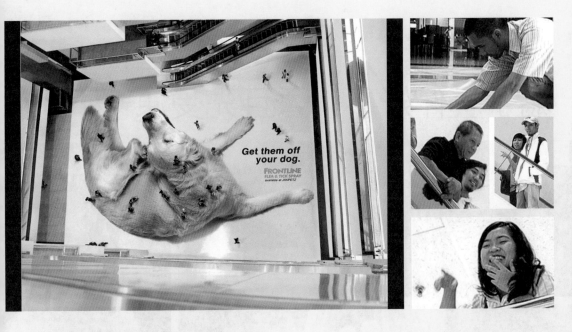

癢得好難受

這活動讓觀眾看得渾身發癢，更何況狗狗呢。

創意

　　福來恩（Frontline）是一款動物驅蟲產品，專門針對寵物身上的跳蚤和蝨子。廠商把一幅225平方公尺大的巨型貼紙鋪滿一家百貨大樓的大廳地面，給那裡的顧客帶來一次有趣體驗。行人走在這幅巨大的貼紙上，從高處看真的就像跳蚤一樣。既有趣，又有效。

效果

- 產品銷量上升
- 活動引起媒體關注，較常規促銷活動而言，銷量顯著增幅

為了一件好事，暫且先受凍一下

www.werde-waermespender.de

Liebe Kinobesucher,
Ihr Saal wird nun wieder auf Normaltemperatur geheizt.
Wir danken für Ihre Aufmerksamkeit.

WÄRME SPENDER

一次巧妙構思的募捐活動向人們展示出，對於無家可歸的人來說，冬日是多麼難過。

創意

　　在電影院裡受凍——為了無家可歸救助組織「5050（fiftyfifty）」的一次宣傳活動，杜塞道夫的一家電影院竟將空調溫度調到8℃。現場還為觀眾準備毯子。在正片開場前的一段短片展現了流浪者冬日在大街上生活的場景。之後，室溫恢復正常。毯子上的QR Code可以直接用手機掃描進行捐款。

特別之處

　　觀眾在這裡能夠真正切身體驗，如果冬天不得不睡在大街上的感受，從而提高觀眾的捐款意願。

效果

- YouTube網站上相關影片點擊量達6.5萬
- 約200個世界各地的網路部落客對此進行報導

現場捐資超過
3 萬歐元

掃描QR Code上YouTube
觀看廣告影片

檔案：			
什麼？	誰？	在哪裡？	什麼時候？
遊擊行銷活動	無家可歸救助組織「5050」	德國，杜塞道夫	2013 年 2 月

法蘭克福書展上飛來的廣告

到底是什麼東西在嗡嗡作響？
原來是愛希博恩（Eichborn）出版社的廣告
派送員，牠們長的真是袖珍，而且還會飛。

創意

法蘭克福書展上，愛希博恩出版社想出一個特別的主意：會飛的廣告紙條。小小的廣告紙條被用蠟黏在蒼蠅身上，然後這些小信使飛向來參觀書展的人群，真是讓人瞠目結舌。

特別之處

一個前所未有的全新想法。這家出版社用活蒼蠅獲得了獨一無二的關注。奇怪的，也就是引人注目的。

效果

- 活動中使用約200隻蒼蠅，固定好廣告紙條後被放飛到書展展館中
- 書展上吸睛率達100%

掃描QR Code上YouTube
觀看廣告影片

活動首月 YouTube 網站相關影片點擊量超過 **80** 萬次

檔案：			
什麼？	誰？	在哪裡？	什麼時候？
病毒行銷活動	愛希博恩出版社	德國，法蘭克福	2009 年

Wer interessieren will, muss provozieren.

要想喚起別人的興趣，你就得去撩撥他的神經。

薩爾瓦多・達利
（Salvador Dali，西班牙超現實主義藝術家）

4.3 電視 & 病毒行銷

好戲，寶貝，好戲！一個紅色的按鈕擺在那裡，好戲即將上演。

TNT 電視臺用一段奧斯卡大片般的戲碼引爆了比利時的一座小城。

創意

「按下按鈕，來點好戲。」——擺在街道正中央的一個紅色按鈕，上方3公尺高的地方懸掛著一個大大的箭頭，上面寫著這句話。誰如果真的這麼做了，絕對不虛此行。因為在行人眼前立即上演一齣真正的動作片。最後在對面建築外牆上展開一幅廣告布作為片尾，上面寫著：你每天不能少的好戲。

特別之處

一段無法忘懷的現場式病毒行銷廣告，透過媒體被廣為傳頌，其行銷效力甚至在活動結束後仍在持續。而且這段現場的動作戲逼真得難以置信，讓人們有理由相信：這家電視臺真的懂什麼是好戲。

掃描QR Code
上YouTube
觀看廣告影片

效果

- 在YouTube網站上被轉載400萬次
- 在最初的24小時內YouTube網站點擊量達1,000萬，並被轉載至Facebook網站上100萬次

活動至今 YouTube 網站上
相關影片點擊量已達 **4,500** 萬

檔案：			
什麼？	誰？	在哪裡？	什麼時候？
病毒行銷活動	TNT 戲劇頻道	比利時	2013 年 4 月

如果男士們站在自動提款機前領錢，結果出來的錢少了 20%，會怎麼樣呢？

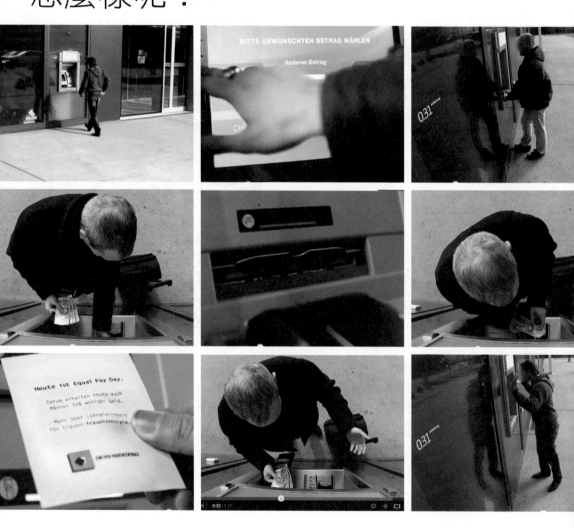

「女人中心」婦女組織用這次行動來引導公眾注意一個現實中的問題。

創意

1981年，男女平等就被寫入了瑞士憲法。然而法定義務並沒能拉平男女間明顯的工資差。具備同等教育、能力和職位的婦女，其工資平均比男士少20%。在瑞士「同工同酬日」之際，蘇黎世的婦女組織「女人中心」要讓男性同胞們在這天充分感受一下在財富方面被歧視的感覺。

特別之處

只有自己切身體會過，才能去關注、理解，然後做出改變。這個活動的手段相當大膽，所以給人留下的印象也是持久的。希望這印象可以持續到下次勞資談判吧，女士們。當然，自動提款機少付的那20%最後還是物歸原主了。

效果

- 英文版影片（詳見國際婦女媒體基金會（IWMF）的YouTube頻道）在活動期間被點擊22萬次

當時所有男士拿到的錢都比想提領的金額少 20%

掃描QR Code看相關影片

11 個月內 YouTube 網站相關影片流覽量達 1.5 萬次

檔案：			
什麼？	誰？	在哪裡？	什麼時候？
病毒行銷活動	蘇黎世「女人中心」婦女組織	瑞士，蘇黎世	2013 年 3 月

魅惑的瘦身體驗

減肥——有正確的動力就能奏效

為了看一段現場脫衣舞秀，值得在腳踏車上揮灑汗水。雀巢旗下的礦翠（Contrex）礦泉水擺在前方，好讓你降降溫。

創意

礦翠瘦身礦泉水展開了一次有趣的行銷活動：在一個人流交織的廣場中央擺放一排粉紅色的健身腳踏車。出於好奇，一些路人開始湊過來使用這些設施。人們踩腳踏車產生的能量以電的形式傳到電線上，讓霓虹燈亮起來，顯示出一個隨音樂起舞的舞男的輪廓。

踩腳踏車的人們絕大部分是女性，她們愈花力氣，霓虹燈舞男的衣服脫得愈多。一場下來，真是讓人汗流浹背！幸好腳踏車旁邊就放著解渴的礦泉水。

特別之處

看來只要找對了動力，再加上可口的飲用水，減肥可以變得如此簡單。

掃描 QR Code 上 YouTube
觀看廣告影片

效果

- **媒體回響熱烈**
- **品牌知名度得到提升**

YouTube 網站相關影片流覽量
至今已達 **1,100** 萬次

檔案：			
什麼？	誰？	在哪裡？	什麼時候？
遊擊行銷活動	雀巢	法國，巴黎	2011 年

Wer weit springen will, muss schnell anlaufen.

想要跳得遠，助跑就必須夠快。

珍妮・哈雷尼
（Jeannine Halene）

3 分鐘什麼都不做 = 1 罐啤酒

阿姆斯特爾（Amstel）啤酒自動售貨機竟然
迫使路人一動不動 3 分鐘。挑戰成功的人可
以得到一罐啤酒作為獎勵。

創意

　　我們的世界忙碌、緊張而喧囂。還有什麼比一個人靜靜地享受一罐冰鎮啤酒更愜意呢？一台飲料自動販賣機帶給人們「強制休息」。只要在販賣機前靜止3分鐘，出貨口就會吐出一罐啤酒。聽起來簡單，其實沒那麼容易做到。

特別之處

　　這裡的魔咒是「邀約」：吸引人們的正是參與其中的樂趣。再說了，誰願意放棄一罐免費的啤酒呢？

效果

- 在16天中從16點到21點的活動時段內，設在索菲亞市中心的這台自動販賣機記錄下：

人們靜止時間共計 **67** 小時
平均每天使用量為 **84** 人次
共送出啤酒 **1,344** 罐啤酒

Sometimes you need a little inspiration to take a 3-minute break and to clear your mind from the day in the office.

Amstel Pause – the installation that makes you do nothing and gives you beer in return.

掃描QR Code上YouTube
觀看廣告影片

檔案：			
什麼？	誰？	在哪裡？	什麼時候？
病毒行銷活動	阿姆斯特爾啤酒	保加利亞，索菲亞	2013 年 7 月

一部網路社交媒體的成功史

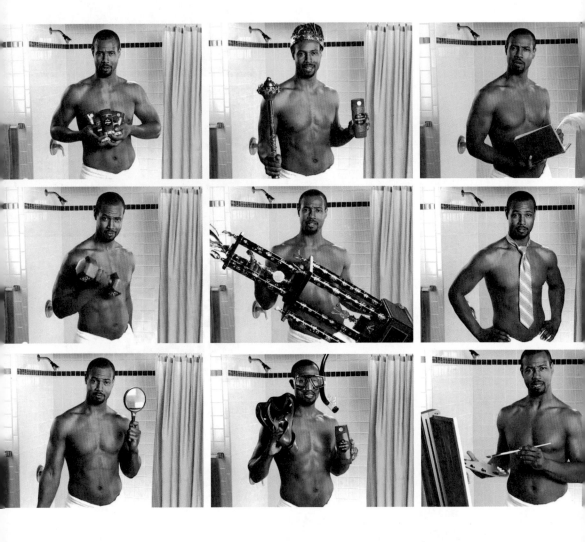

為了拯救一個幾乎被人遺忘的男士香體劑品
牌——Old Spice，「Old Spice man」走進
了我們的視線。

創意

在一則由很多片段組成的電視廣告中，一個擁有型男外表的退役足球運動員——伊薩阿·穆斯塔法（Isaiah Mustafa）告訴觀眾：「你的男人，可以聞起來像我這樣的男人。」在這則廣告中，虛擬的場景不斷變換，唯一連續的圖像就是男主角和他看向鏡頭的目光。這段造價不菲的「折疊影片」廣告在坎城國際廣告節上摘取影視類廣告大獎。它被奉為經典，並在網路上迅速傳播。

特別之處

「Old Spice man」以時尚的造型和詼諧的語言出現在各個場景中，一舉打破該品牌以前的古板形象。這說明：誰敢於嘲諷自己，誰就能成功！

掃描QR Code上YouTube
觀看廣告影片

效果

- Twitter關注數達10萬
- Facebook粉絲互動量增加了800%
- Facebook粉絲數達70萬

廣告在 2010 年 2 月播放後，網站訪問量增加了 **300%**
YouTube 網站相關影片流覽量達 **1.1** 億次

檔案：			
什麼？	誰？	在哪裡？	什麼時候？
病毒行銷活動	寶潔公司，Old Spice	全世界	2010 年

一次讓人心驚肉跳的行銷活動

**紐約的街頭潮流服飾與滑板品牌公司祖約克
（Zoo York）把遊擊行銷提升到一個新檔次。**

創意

　　真正的遊擊行銷活動絕不會做在城市的大街小巷貼小廣告這種事。祖約克的團隊把公司標誌噴到了上千個活蟑螂身上。之後這些蟑螂被裝在背包中，團隊成員滑著滑板或者騎著腳踏車把它們帶到華爾街並放生。活動全程錄影，並以傳單和T恤的形式進行補充宣傳。直至今日，蟑螂仍在該公司的市場行銷工作中佔有重要一席，並作為公司的象徵出現在廣告中。

特別之處

　　這次活動的驚悚效果是不言而喻的。不管人們現在是褒是貶，這場借助小蟲子完成的行銷活動，給所有人都留下難以磨滅的印象，至少在這些蟑螂的有生之年無法被遺忘！

效果

自影片上傳至 YouTube 網站以來 流覽量達 18.3 萬次

掃描QR Code上YouTube
觀看廣告影片

檔案：			
什麼？	誰？	在哪裡？	什麼時候？
遊擊行銷活動	祖約克	美國，紐約	2008 年

Wer die Form beherrscht, darf in die Suppe spucken.

如果能夠主宰規則，即便往湯裡吐口水也無可厚非。

漢斯・彼得・威爾伯格
（Hans Peter Willberg，德國印刷藝術家、插圖畫家）

這美妙的啤酒佳釀到底來自哪裡呢？這個問題終於有了答案。

卡爾頓聯合啤酒廠（Carlton United Breweries）旗下的金髮女郎（Pure Blond）牌啤酒，總是以新穎的廣告奪人眼球。

創意

　　夢幻般的仙境：綠樹環繞，寧靜祥和，友善的彼此，動物與人類和諧相處。一處湖泊盈滿金色的湖水，聖潔的金髮女郎親手將湖水盛入瓶中。啊，原來這啤酒是這麼來的！然而，這美妙的田園詩戛然而止。肥胖、邋遢、粗魯，現實版消費者形象的出現破壞了整個畫面。儘管如此，我們還是覺得這很有趣，別人的想法大概也是一樣吧。

特別之處

　　金髮女郎啤酒的消費者用行動證明著：他們也可以自嘲。廣告的顧客回響良好，網路點擊量也可圈可點。

掃描QR Code上YouTube
觀看廣告影片

效果

YouTube 網站相關影片流覽量達 **70** 萬次

檔案：			
什麼？	誰？	在哪裡？	什麼時候？
電視廣告	卡爾頓聯合啤酒廠，金髮女郎啤酒	澳洲	2007 年

「笑死人了」——貝立茲外語培訓學校幫你擺脫外語障礙。

貝立茲（Berlitz）外語培訓學校用一些搞笑的廣告情節來招攬學員，例如「德國海岸巡邏員」。

創意

What are you sinking about?（廣告中的台詞，英語蹩腳的巡邏員把英語中「沉沒（sinking）」與「思考（thinking）」兩個發音相近的詞弄混了，在對講機中傳來溺水呼救時還問對方「你在思考什麼？」）你能想像到德國人講英語時那種語調吧……簡直快把人笑死了！貝立茲外語學校也這麼認為，所以他們用這樣一段極具諷刺意味的廣告來為外語培訓課程做宣傳。

特別之處

帶著強烈的幽默感，德國人英語不好的問題被生動刻畫出來，同時也向公眾推廣外語培訓。這些廣告成為貝立茲外語培訓品牌的特色。它告訴人們，學習也可以是快樂的，就算是外語學校，一定程度上也可以做到很酷。真是幹得漂亮！

掃描QR Code上YouTube
觀看廣告影片

效果

- **貝立茲網站點擊量迅速上升**

YouTube 網站相關影片流覽量達 **100** 萬次

檔案：			
什麼？	誰？	在哪裡？	什麼時候？
病毒行銷活動	貝立茲外語學校	全世界	2006 年

看一把破吉他，如何轉變為一場巨大的成功

一個有創意的人如何借助網路的力量把一間大公司弄個天翻地覆，戴夫·卡羅爾（Dave Carroll）是一個成功典範。

創意

在一次乘坐美國聯合航空公司（United Airlines）的飛機旅行後，音樂人戴夫‧卡羅爾發現他的吉他被弄壞了。圍繞損失賠償的爭執就此開始，並持續8個月後仍無結果。這時卡羅爾想起了他的專長——寫歌。他把這段經歷創作成一首歌曲，錄製一段影片，然後發到YouTube上。

僅用了短短4天，觀看該影片的使用者就達到百萬。美國聯航的股票價格下跌10%，市值大概蒸發1.8億美元。後來這些事被卡羅爾寫成了一本書——《美聯航弄壞了我的吉他》。這本書從此成為描繪企業與顧客關係的範文。它告訴我們，在網路社交媒體風行的時代中，個人渺小的聲音如何尋求表達。

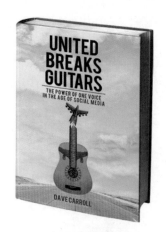

掃描QR Code上YouTube
觀看相關影片

特別之處

商業帝國正在慢慢地意識到，如果以不友好的方式對待顧客，將會給品牌帶來怎樣一種不可估量的損失。

效果

- 1.5億人知道這場糾紛
- 很多公司改善了服務
- 此書被視為處理客戶關係的重要文獻

YouTube 網站
相關影片流覽量
達 **1,300** 萬次

檔案：			
什麼？	誰？	在哪裡？	什麼時候？
網路社交媒體活動	戴夫‧卡羅爾	加拿大，哈利法克斯	2009 年 7 月

**Good is
the anemy
of great.**

好，
是偉大的
敵人。

伏爾泰
（Voltaire，法國思想家、文學家、哲學家）

有攻擊性的熊貓？
——千萬別說不可能！

一組來自埃及的成功病毒廣告中，一隻「可愛的」熊貓非常執著地想把它的產品「賣」給別人。

創意

每段廣告都圍繞著一個中心展開：某人拒絕了熊貓產品。緊接著一隻大塊頭的熊貓突然出現，對人進行恐嚇。背景音樂播放著巴迪·霍利的歌曲《True Love Ways》。結尾處總是出現相應的產品，配上一句話「永遠不要對熊貓說不」。

特別之處

一則冷笑話與原本可愛的熊貓形象結合起來，讓這組廣告成為滑稽小電影。這裡的格言是：「期待著出乎意料」。就是這一點造就這組廣告的成功，因為觀眾根本沒辦法預測到這樣惹人憐愛的熊貓會有如此粗暴的反應。

掃描QR Code上YouTube
觀看廣告影片

效果

- 引起國際媒體的極大興趣
- 奪得2010年度嘎納廣告節銀獅獎（埃及廣告首次獲獎）

YouTube 網站上的廣告影片在 22 個月內
被流覽 **1,700** 萬餘次

檔案：			
什麼？	誰？	在哪裡？	什麼時候？
病毒式電視廣告	ArabDairy 公司，熊貓牌乳酪	埃及	2010 年

不會有人想趕走這隻魔鬼的。

這可怕的喊叫聲是不是很熟悉？
德沃（Dirt Devil）[5]**吸塵器借助著名的經典**
恐怖電影《大法師》達到宣傳的目的。

[5] Dirt Devil字面意思是灰塵的魔鬼。

創意

　　德沃公司在網路上發佈一則病毒式廣告，把目標對準男性使用者群體。這則廣告用熟悉的場景讓人想起《大法師》這部家喻戶曉的恐怖片，可以說是為恐怖電影愛好者量身打造。廣告充分展示德沃吸塵器的吸力是多麼的強大。你一定得看看，一開始有點嚇人，然後你就會開懷大笑。

特別之處

　　《大法師》為大家所熟知，正因如此廣告結尾才會如此成功。這則廣告的設計者使用了出其不意和顛覆預期的手法。

效果

You know when it's the devil.

掃描QR Code上YouTube
觀看廣告影片

- **Vimeo和YouTube網站流覽量達3,200萬次**
  - **透過電子郵件轉發280萬次**
  - **在恐怖片部落格和電影節上被提及2.9萬次**
  - **網頁訪問量上升52%**
  - **品牌知名度在男性用戶群體中上升39%**

廣告影片在 Facebook 上被轉載 **82** 萬餘次

檔案：			
什麼？	誰？	在哪裡？	什麼時候？
病毒式廣告	皇家用品國際有限公司，德沃吸塵器	全球	2011 年

男人們的夢想實現了

廣告總喜歡拿男女性別化差異作文章。
海尼根（Heineken）啤酒為此提供一個富有
娛樂性的實例。

創意

在一次私人派對上，驕傲的女主人正在展示她那大得能讓人走進去的衣櫃。歇斯底里的尖叫和揮舞的手臂表現出女客人們的興奮之情。突然，一陣男人們的叫喊聲蓋過她們。場景切換到另一邊，男主人正在向他的男人幫展示他那能走進去的冰箱，裡面一整屋的海尼根啤酒。

這次活動還包括在阿姆斯特丹的多個廣場空地上擺放一些超大的冰箱包裝紙箱，暗示人們在現實中真的可以買到這樣的冰箱。

特別之處

一個名為「我想要海尼根廣告裡那個冰箱」的Facebook網友群應運而生。短短50天內成員人數就達到了26,500人，而且每天還有新網友加入。

掃描QR Code上YouTube
觀看廣告影片

效果

- 活動期間Google記錄下的搜索記錄多達14.7萬次
- 海尼根是西歐地區最賺錢的啤酒廠，雖然啤酒消費量總體呈下降趨勢，海尼根仍然實現增長

廣告影片在 YouTube 網站上
流覽量超 **1,000** 萬次

檔案：			
什麼？	誰？	在哪裡？	什麼時候？
病毒式廣告	海尼根啤酒	荷蘭	2009 年

Was träumen Sie, wenn Sie wach sind?

你醒著的時
候會做什麼
樣的夢呢？

赫曼・謝勒
（Hermann Scherer）

4.4

社群
媒體

——拿來攪一攪——
這個能粉碎嗎？

如何能讓研磨機——這件廚房標配電器重新變得富有吸引力，成為人們爭相購買的目標呢？很簡單，放一部蘋果手機進去攪拌！

創意

「這個能粉碎嗎？」這句話在美國簡直成為最熱門的廣告詞之一。德國目前只有少數人聽説過，但是也偶爾會有網友碰巧看到這樣的影片：一位頭髮花白的男士穿著白袍，總是把各種莫名其妙的東西塞進研磨機中攪拌，然後淡定地做出結論。最新的一段影片中用的是iPhone手機，之前是iPod以及各種「IT」設備（詳見影片），然後，然後，然後……研磨機把它們都變成了粉末。

特別之處

一件無聊的東西借助一個絕對酷的點子，創造出難以置信的銷量。誰還敢說廚房裡的事情無聊呢？

掃描QR Code上YouTube
觀看廣告影片

效果

- 活動期間影片被按讚5萬次
- 「這個能粉碎嗎？」成為流行語
- 活動期間Twitter關注量達2萬人次

粉碎 iPhone 的影片在
YouTube 網站上
流覽量超 **140** 萬次

檔案：			
什麼？	誰？	在哪裡？	什麼時候？
病毒式行銷活動	K-TEC 科技有限公司，Blendtec 研磨機	美國	2007 年

……給我們來點，FACEBOOK

對於約瑟夫麵包來説，
星期四是個好日子。

週末緊隨週四來臨。可這還不夠！

我們願把每個週四都當作週末，這樣你就有更多的藉口來享用我們甜美的烘焙啦。

歡迎光臨約瑟夫麵包！請在佈置精美的餐桌邊坐下來吧。

維也納一家有機麵包店利用 Facebook 招攬生意，而且他們做到了。

創意

　　維也納的一家有機麵包店充分利用Facebook的行銷功能，比如開設公司粉絲頁、抽獎遊戲、投放廣告、收費報導……等等，目的是尋找和獲得新顧客，並讓品牌為更多人所知曉。整個做法非常成功，看來這家麵包店不只做出了最好的麵包，還做出了最棒的行銷呢！

特別之處

　　突顯自己並不見得一定要用標新立異的想法。堅持誠實，時間長了，粉絲自然會來。

效果

- 450餘人參與抽獎遊戲
- 85位粉絲分享「約瑟夫麵包」
- 新增682人訂閱促銷資訊

從開始至今（2015 年），粉絲量已增長 **200%**

檔案：			
什麼？	誰？	在哪裡？	什麼時候？
Facebook 粉絲頁	約瑟夫麵包	奧地利，維也納	至今

真正把 FACEBOOK 用得有意義

ʜALLENGE

al is a non-profit trauma center aiding victims
errorism or warfare.
en it comes to medical emergencies, finding the right
od donor on time can make the difference between
and death.

ᴏLUTION

ncrease awareness to Natal's emergency services,
created Facebook Blood Groups: 8 Facebook groups
e 8 different blood types, one-click away from a
ssive number of potential blood donors that could be
tacted in case of emergency.

ᴇSULTS

h 0 media budget and lots of free PR and media
erage, the project became a huge success, driving
usands of people to join the groups, receiving full
poration from the national blood bank and most
ortant - helping save lives.

用 Facebook 來尋找捐血志願者。一個能救
人性命的好主意。

創意

以色列的NATAL利用Facebook做了一件有意義的事。他們與一家代理公司一起發起了「血液小組」活動。他們的想法是透過Facebook尋找合適的捐血志願者。為此，他們創立8個Facebook網友群組，分別對應8個血型。

願意捐血的Facebook用戶可以加入對應的群組。這些群組吸引大量的網友前來參與，現在就連以色列的紅十字會都要借助它們的力量，在發生緊急情況時尋找適合的捐血者。

特別之處

Facebook在全球廣泛覆蓋方面的優勢，被用來做一件意義非凡並且能挽救生命的事情。這次活動獲得極好的媒體傳播效應，讓很多從未捐過血的人也加入了捐血群組。

效果

- 巨大的媒體回響
- 數千人加入「捐血群組」
- 很多人的生命因此得以延續

檔案：			
什麼？	誰？	在哪裡？	什麼時候？
Facebook 粉絲頁	NATAL	以色列	2011 年至今

**Fantasie ist
wichtiger als
Wissen, denn
Wissen ist**

想像力比知識更重要，因為知識是有限的。

阿爾伯特·愛因斯坦
（Albert Einstein，世界著名物理學家）

persönliches Portrait von Seinem Facebook-Bild. Lieber Mark, viel Spaß damit.

www.mappemachen.de

Gefällt mir · Kommentieren · Teilen 👍4 💬1

 Die Mappenschule
21. November 2011

Jeder neue Fan von "Die Mappenschule" bekommt ein persönliches Portrait von Seinem Facebook-Bild. Liebe Julia, viel Spaß damit.

www.mappemachen.de

Gefällt mir · Kommentieren · Teilen 👍4

Die Mappenschule
19. November 2011

Jeder neue Fan von "Die Mappenschule" bekommt ein persönliches Portrait von Seinem Facebook-Bild. Liebe Polly, viel Spaß damit.

www.mappemachen.de

—— 屬於你的 Facebook 臉 ——

展示一下你的所長

為了求「讚」，司徒加特繪圖學校竟讓繪圖課程的學員們畫 Facebook 頭像。

創意

用頭像照片進行繪畫：每個在司徒加特繪畫學校Facebook網頁上按讚的網友都能獲得一張以其Facebook個人主頁照片為範本的手繪頭像，而且這些手繪圖還被集中展示在一張海報上。

這是一次向人們展示在這所學校所學技能的好機會。而且，這次活動非常受歡迎，對這裡的學員來說，絕不會出現缺乏臨摹素材的情況。

特別之處

一次雙贏：繪畫學校展示了他們的教學強項，學生們獲得源源不斷的免費臨摹素材。再加上還有提高學校知名度這項增值效應。

效果

- 繪畫學校在司徒加特大學舉辦了手繪肖像畫展
- 繪畫課程熱度上升

活動至今 Facebook 上已被按讚 **1,941** 次

檔案：			
什麼？	誰？	在哪裡？	什麼時候？
Facebook 活動	司徒加特繪畫學校	德國，司徒加特	2010 年至今

餅乾的生日
扭一扭，舔一舔，泡一泡
—— 100 年的歷史

OCT 2 | **ANNIVERSARY OF 1ST HIGH FIVE**

JUNE 25 | **PRIDE**

JUNE 30 | **CYCLISTS TAKE THEIR MARKS**

JULY 19 | **THE DARK KNIGHT RISES IN THEATERS TOMORROW**

AUG 14 | **ELVIS WEEK**

SEPT 8 | **HAPPY STAR TREK DAY**

為慶祝 100 周年生日，餅乾生產商奧利奧（Oreo）發起一次網路社群媒體活動。要扭一扭再吃的餅乾自然是活動的主角啦！

創意

　　在紀念品牌誕生100周年之際，奧利奧每天在各大網路社交媒體上發佈一件小小「餅乾工藝品」照片——總共持續100天。此次活動令人印象深刻。這些「工藝品」表現的主題豐富多彩，有的關於時事，有的涉及大眾文化新聞，有的回顧歷史重要時刻，還有國慶專題，例如美國國慶7月4日。活動結束時，廠商在紐約時代廣場設立了一間流動工作室：路人都可以為活動最後一天的「每日扭一扭」餅乾造型提供建議。被採納的建議最後會在電子廣告看板上進行展示，當然還將發佈在網路社群媒體上。看，粉絲們就是如此直接地參與活動。

特別之處

　　這次「每日扭一扭」活動利用全世界奧利奧粉絲皆熟知的「規定動作」——扭一扭，舔一舔，泡一泡。在其中幾天的工藝品照片上我們還能看到奧利奧老搭檔的身影——一杯牛奶。

效果

- **被轉發量增長280%**
- **媒體受眾達2.31億**
- **2012年成為品牌知名度提升最快的一年（+49%）**

YouTube 受眾超過 **4.33** 億

檔案：			
什麼？	誰？	在哪裡？	什麼時候？
網路社群媒體活動	Nabisco 公司，奧利奧餅乾	美國	2012 年 6 月

Facebook 按讚功能攻佔現實世界

巴西的 C&A 時裝店裡使用內建 Facebook 按讚數顯示器的衣架。

創意

　　Facebook用戶如果特別喜歡某款服飾，可以透過Facebook按讚功能來表達喜愛之情。但一般來說，在網路商店裡暢行無阻的東西用到現實世界裡可就要困難得多了。

　　C&A時裝把這種做法引進現實世界中，用在位於巴西聖保羅的旗艦店裡：那裡的衣架被裝上電子顯示器，上面即時顯示著該款時裝在Facebook上C&A品牌主頁中得到的按讚數。手機上裝有「按讚C&A時裝」APP應用程式的使用者，還可以把「讚」獻給最多10款母親節時裝系列。

特別之處

　　將網路行為與現實世界結合在一起。

效果

- 在Facebook上，C&A已成為巴西最大的時裝品牌
- 在各大網路社交媒體上共新增28.5萬粉絲
- 800多次媒體報導
- 母親節時裝系列銷售情況好於以往

新增 **5.5** 萬 Facebook 粉絲

檔案：			
什麼？	誰？	在哪裡？	什麼時候？
為母親節時裝系列開展的網路社群活動	C&A 時裝	巴西，聖保羅	2012 年 3 月

Mitdenken
ist erlaubt.

共同思考，
有益無害。

珍妮・哈雷尼
（Jeannine Halene）

一次紙條尋寶遊戲竟讓我們得到了觀看祕密演唱會的前排席位

DAS GEHEIME KONZERT

#CATCHCASPER

德國最著名的饒舌歌手卡斯珀（Casper）透過影片號召歌迷參與一次紙條尋寶遊戲活動，目標是找到卡斯珀和他的祕密演唱會。

創意

幾千名卡斯珀歌迷在2013年9月5日那天為了找紙條在柏林街頭忙碌，從廣播、Facebook、Twitter上陸續散播著一個提示接著一個提示。他們的目標是透過這次名為「抓住卡斯珀」的紙條尋寶遊戲得到一場祕密演唱會的入場券——一個小紙環。近1,300名歌迷成功將紙環戴在手腕上，最終得以與卡斯珀一起為音樂狂熱。

在一輛10公尺長的大巴士的車頂上，卡斯珀讓歌迷們搖滾著、狂熱著。這次沒有樂隊、沒有煙火，只有印花上衣、卡斯珀自己和他的DJ喬伊。

掃描QR Code上YouTube
觀看相關影片

特別之處

這種專屬的感覺，由卡斯珀親自直播發佈的祕密資訊，這些都增進歌迷與偶像間的親密感。

效果

- 在網路社交媒體上廣為傳播
- 卡斯珀自己寫道：「非常、非常、無法窮盡地感謝所有9月5日那天在場的所有人！那是一次難忘的經歷，一次真正的演唱會！哇嗚！」

Vimeo 影片網站轉載量達 **4.6** 萬次

檔案：			
什麼？	誰？	在哪裡？	什麼時候？
病毒宣傳活動	卡斯珀	德國，柏林	2013 年

不是因為你笨就不會死

列車月臺的邊緣隱藏著死亡的危險。所以，請與鐵軌保持距離！一次網路宣傳活動警示人們：如果站得離月臺邊緣過近，你將有可能會被急速駛過的列車吸裹進去。

創意

「笨笨的死法」是澳洲墨爾本地鐵公司的一次安全宣傳活動,目的是防止人們站立的位置過於靠近地鐵月臺邊緣而引發事故,因為這樣人們可能會被過往列車產生的吸力捲進去,並導致死亡。

這次活動主要借助網路媒介進行宣傳,由墨爾本的一家廣告公司進行設計。其中特別引人注意的部分是2012年11月發佈的與活動同名的音樂影片,裡面的動畫角色直截了當地展示出各式各樣的死法。

特別之處

用又萌又可愛的方式表示生命危險,達到向目標群體傳遞資訊的目的。

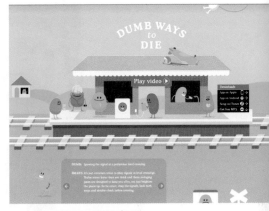

掃描QR Code上YouTube
觀看廣告影片

效果

- 活動以來轉發量已達380萬次
- 地鐵站事故數量下降21%
- 主題曲躋身蘋果產品iTunes榜單第10名

活動最初的 10 個月內,YouTube 網站
相關影片流覽量突破 **100** 萬次

檔案:			
什麼?	誰?	在哪裡?	什麼時候?
病毒宣傳活動	地鐵公司	澳洲,墨爾本	2012 年

4.5 行銷
活動

煎蛋還是抱枕？

那個，是不是長得像乳酪切片的被子？這個，
是枕頭還是煎蛋？其實兩個都是！一個創意
的廣告設計讓床和早餐融為一體。

創意

為了宣傳B&B旅館的「床＋早餐」套餐，一次行銷活動將兩個概念以非常有趣又直觀的方式結合起來。

特別之處

「床＋早餐」是個常見的旅館概念，而在這裡卻按字面的意思加以利用。真是出乎意料，吸引目光！

效果

- 2012年：B&B旅館訂單量高漲
- 新增數家分店──好的廣告能為自己賺錢

檔案：			
什麼？	誰？	在哪裡？	什麼時候？
印刷廣告	B&B 旅館有限公司	德國	2012 年 7 月

—— 獻給乳房的麵包 ——
用麵包對抗乳癌

丹麥最大的烘焙產品生產商 Kohberg 公司以生產小麵包的方式，支援乳癌患者與病魔抗爭。

創意

　　為了對丹麥的乳癌患者給予支援，丹麥最大的烘焙產品生產商Kohberg公司想到一個好辦法。為了讓這款麵包在貨架上更醒目，他們幫麵包袋子「穿」上了胸罩。一眼望去，那些小麵包簡直能以假亂真了。每賣出一袋麵包，Kohberg公司將捐贈一克朗❻給丹麥癌症協會（Kræftens Bekæmpelse）。為了配合這次活動，他們還專門開設一個可供查詢背景資訊的網站，並在超市和大貨車上張貼廣告。

特別之處

　　這是一次令人印象深刻的活動，不僅做了一件善事，還給企業形象增添一抹亮色。留在人們記憶中的是：Kohberg——戴胸罩的麵包。

效果

- 為慈善事業捐資18萬克朗
- 巨大的媒體回響
- 大量網路轉發

75 天內售出麵包
18 萬袋

檔案：			
什麼？	誰？	在哪裡？	什麼時候？
小麵包	Kohberg 烘焙集團	2011 年	2011 年夏天

---

❻克朗，丹麥貨幣。

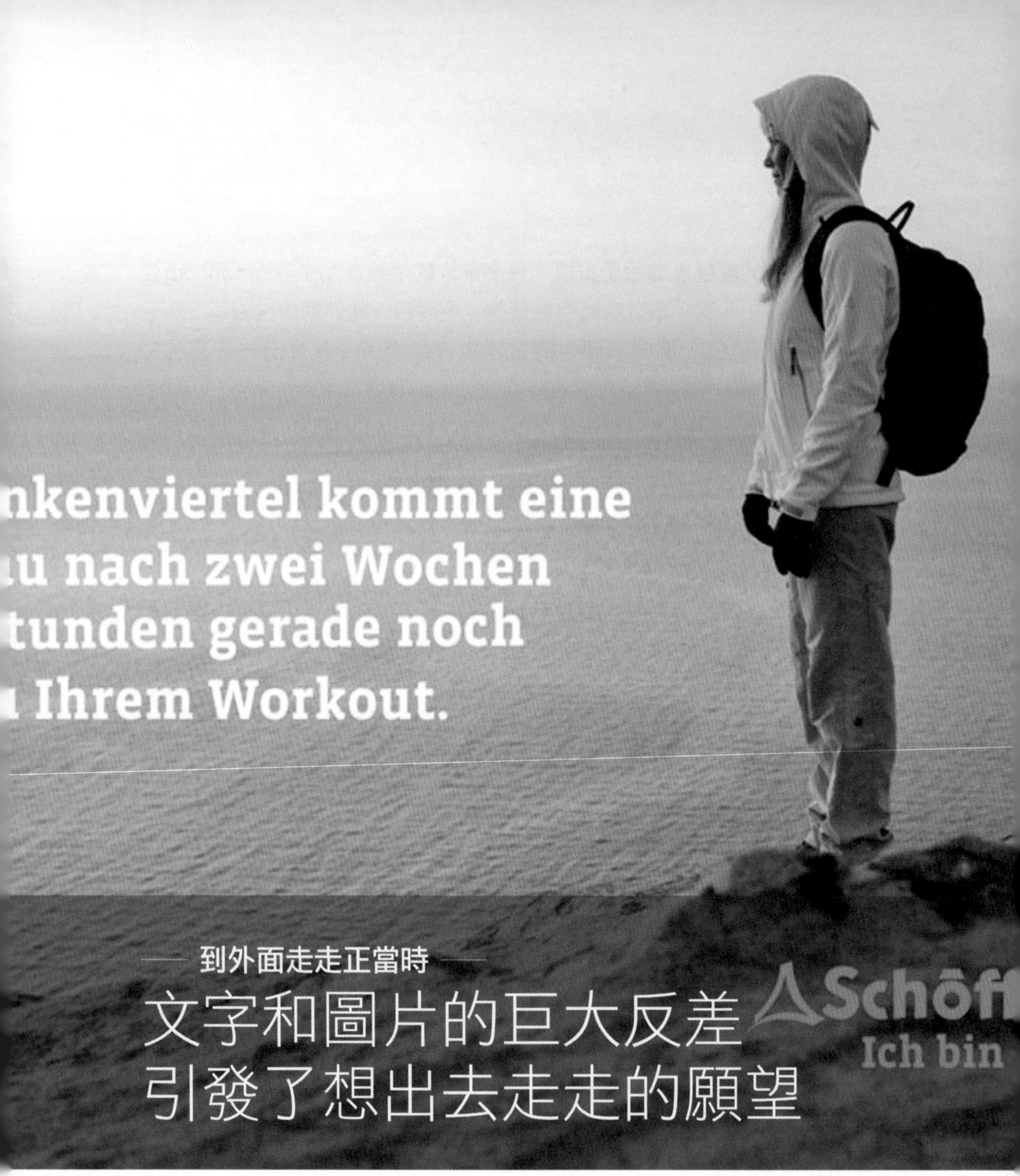

nkenviertel kommt eine
u nach zwei Wochen
tunden gerade noch
Ihrem Workout.

— 到外面走走正當時 —
文字和圖片的巨大反差
引發了想出去走走的願望

△ Schöff
Ich bin

你所讀到的，並非你所看見的。但這還是立即喚起了人們的渴望。那麼，穿什麼衣服合適呢？ Schöffel 有答案。

創意

　　作為傳統戶外服裝品牌，Schöffel用一句簡單的品牌宣言「我外出了」彰顯出自己的定位——反對被誇大了的績效思維。因為，所謂的績效觀念不只掌控了我們的工作，還禁錮了我們的休閒時間。Schöffel宣導和主張的是一種真實的大自然體驗。

掃描QR Code上YouTube網
觀看廣告影片

特別之處

　　一切的核心並不是產品本身，而是目標顧客群體的渴望。正是後者成就了品牌。

效果

- 實現了由沒落形象到銳意品牌的華麗轉身

品牌知名度上升 **50%**

檔案：			
什麼？	誰？	在哪裡？	什麼時候？
印刷廣告	Schöffel 戶外服飾有限公司	德國、奧地利、瑞士	2012 年

Man brauche gewöhnliche Worte und sage ungewöhnliche Dinge.

人們用尋常
的詞句說出
不尋常的東
西。

叔本華
（Arthur Schopenhauer，德國著名哲學家）

聰明的設計，讓消費者連用電提示也照單全收

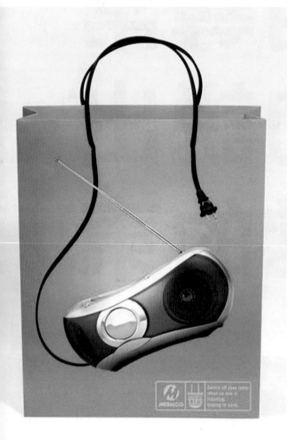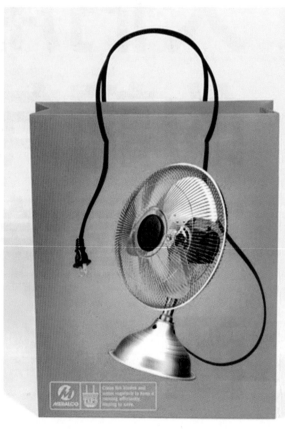

馬尼拉電氣公司（Meralco）是菲利賓最大的電力供應商。用一款「電線」手提袋，這間公司成功提升了居民的節電意識。

創意

在耶誕節期間，這家電力公司分發一款特別的手提袋，目的是向居民宣傳普及用電常識和資訊。袋子裡裝著許多實用的日常節能建議，讓人們把電費帳單上的金額減少一點。

特別之處

沒有冗長的大段廣告文字，取而代之的是具體的措施和順口溜，消費者可以立即照著做。一個絕妙的廣告創意，不僅直接為大家省錢，還增添了品牌的情感價值。

效果

- 2,145人參與了問卷調查
- 94%表示將在辦公室嘗試一下節能措施
- 在各大設計部落格以及「世界廣告」網站上被轉載
- 當地媒體報導極為熱烈

60% 的人認為這些建議值得嘗試

檔案：			
什麼？	誰？	在哪裡？	什麼時候？
印刷紙袋	馬尼拉電氣公司	菲利賓，馬尼拉	2008 年

Das Leben ist zu kurz
für den falschen Job.

jobsintown.de

生命如此短暫，不值得浪費在錯誤的工作上——這就是Jobsintown❼活動的主題詞。

工作壓力大，薪水太少，這糟糕透頂的工作你還要繼續做嗎？ Jobsintown 發起的人氣宣傳活動告訴你答案。

　❼字面意為「城裡的工作」

創意

從2006年到2010年，德國最大的招聘平臺Jobsintown實施了一項宣傳推廣計畫，主題就是「生命如此短暫，不值得浪費在錯誤的工作上」。

這項旨在聚攏人氣的計畫包含了形式多樣的廣告和活動。由於需求巨大，主辦方還為這項計畫開設專門的網站。

特別之處

不用潛規則，你也能升職。這句話真是說到了目標顧客群的心坎裡！此項計畫正是拿那些也許我們每個人都熟悉的職場窘境大搞黑色幽默。簡單、真實、又有趣！

德國漢堡聖保利足球俱樂部（FC St.Paul）的主賽場米勒門體育場的這扇門非常著名，很多廣告部落格都對此津津樂道。

效果

- 該廣告在2006年、2007年和2008年分別斬獲多項國際獎項，包括多項坎城國際廣告節獎項和ADC獎項
- Jobsintown如今已躋身一流的網路招聘求職平臺行列

掃描QR Code上YouTube
觀看廣告影片

檔案：			
什麼？	誰？	在哪裡？	什麼時候？
廣告計畫	jobsintown.de 招聘求職網站	德國	2006-2010 年

快來科隆看猴子！　　科隆動物園　　WWW.KOELNERZOO.DE

―― 笑笑有益健康 ――
博爾一笑

科隆人看重幽默感。所以也敢拿自己尋開心，並且到杜塞道夫宣傳這次活動[8]。

創意

　　「快來科隆看猴子！」帶著這句搞笑的雙關廣告詞，一次戶外廣告宣傳活動來到了杜塞道夫。毫無疑問，這肯定讓杜塞道夫居民莞爾一笑了。

效果

- 光顧科隆動物園的杜塞道夫遊客顯著增加
- 科隆的「可愛度」大大提升

[8]科隆和杜塞道夫是德國西部近鄰的兩個大城市

建築工人的低領裝

如果褲腰往下滑，露出了腰以下部分，那麼結果就只剩尷尬和沮喪了嗎？

創意

　　建築水電業正在尋找接班人。為了讓培訓課程更具品味，吸引年輕人來參加，創意人員們策劃了一次好笑的活動。除了印刷廣告外，在許多城市開展的宣傳活動還包括郵寄廣告信函、日曆廣告以及上面圖中的促銷T恤。

效果

- 現在我們知道什麼叫「建築工人的低胸裝」了
- 建築水電業培訓新學員數量急劇飆升

**Unser Leben
ist zu wertvoll,
um alltäglich
zu sein.**

生命如此短暫，怎麼捨得讓它在平凡中度過。

赫曼·謝勒
（Hermann Scherer）

你想做點不平凡的事嗎？
那麼，當一名警察吧！

為了引起目標群體的關注，紐西蘭員警不惜借助塗鴉藝術。

創意

紐西蘭警方以非同尋常的方式在招募新警員。街道塗鴉藝術家Otis Frizzell將過去發生的7件最駭人聽聞的刑事案件創作成塗鴉故事。這7組塗鴉都被分別畫在當時凶案發生的地點。

特別之處

警界想要的特殊的人才，自然也得用特殊的方式來尋找。透過這次活動，這個目標實現了，甚至還不止於此！

效果

- 求職者中年輕人比例大大高於以往招聘活動，符合此次策劃的目標群體特徵
- 求職總人數也顯著增加

不計其數的求職簡歷以及 **400** 名新警員

檔案：			
什麼？	誰？	在哪裡？	什麼時候？
遊擊宣傳活動	紐西蘭員警	紐西蘭，威靈頓市、奧克蘭市和基督城	2011 年

要是這裡不賣 Almdudler，
那我還是走吧！

KRÄUTER SIND NICHT NUR ZUM RAUCHEN DA.

WENN DIE KAN ALMDUDLER HAB'N, GEH' I WIEDER HAM!

草本指的可不僅僅是煙草。
要是這裡不賣 Almdudler，那我還是走吧！

ERFRISCHT WIE EIN BERGSEE. SCHMECKT ABER BESSER.

WENN DIE KAN ALMDUDLER HAB'N, GEH' I WIEDER HAM!

清新得就像天池之水，但味道可要好得多。
要是這裡不賣 Almdudler，那我還是走吧！

**留下宣言，濾掉殘渣，新鮮草本煥發生機。
剩下的是什麼呢？獨特的口感以及飲料成分
中包含的滿滿的幽默感。**

創意

奧地利傳統家族企業Almdudler以生產草本檸檬味飲料著稱。這個已然有些衰落的老品牌如今以強勢姿態再次躍然台前，一舉成為流行各大城市的懷舊飲料。

特別之處

怎樣才能實現形象的轉變呢？對，答案就是走一條新路！Almdudler讓一款被大家遺忘的產品再次成為潮流寵兒，在這過程中還開拓了新的目標市場。

掃描QR Code上YouTube
觀看廣告影片

效果

- 品牌在德知名度提高70%
- 在南德地區甚至提高90%

透過這次活動該產品在德國地區銷量上升 **20%**

檔案：			
什麼？	誰？	在哪裡？	什麼時候？
廣告活動	奧地利 A.&S.Klein公司，Almdudler檸檬飲料	德國	2012 年 4 月

4.6

海報
＆印刷

你能在很多問題面前躲
起來，卻躲不過我。

Bienheim&Bienheim
專業人力與組織服務
www.bienheim.de

如果我們能談談你的優
點，我本人其實更加樂
意奉陪。

Bienheim&Bienheim
專業人力與組織服務
www.bienheim.de

── 強與弱 ──
以不同的視角審視人力發展

視角轉換運用到文字和圖片中，竟讓普通的
廣告成為吸睛之物，並且散發出獨特的幽默
感。

創意

　　Bienheim & Bienheim是一家專門從事人力資源和組織架構開發的代理公司。在一次巧妙的廣告宣傳活動中，強烈的文字和語句表達彰顯了該公司的核心實力，並且證明：幽默感效果卓著，成功的加以運用就能讓自己從競爭者中脫穎而出。

特別之處

　　這次活動以強有力的聲音命中目標客戶群體的要害，它給人的感覺是：「這些人懂我，我相信他們！」

效果

- 各大知名廣告和設計網路部落格紛紛轉載
- 德國Design-made-in-Germany對此次廣告宣傳進行報導
- 業務諮詢量增加

你覺得在艱難時期更需要的是哪一種人：唯命是從者還是高瞻遠矚者？
Bienheim&Bienheim
專業人力與組織服務
www.bienheim.de

你還沒落魄到要賣奶奶的地步。不過要是你真能這麼做，倒也不錯吧？
Bienheim&Bienheim
專業人力與組織服務
www.bienheim.de

檔案：			
什麼？	誰？	在哪裡？	什麼時候？
廣告活動	Bienheim&Bienheim	德國	2010 年

No tale-
no sale.

沒有故事，
沒有銷售。

X 光手提袋

這是專為柏林一家名為
blush的內衣店設計的一款
「透視」手提袋。它非常受歡
迎，有些女生光顧這裡只為一
個目的：拿個袋子。當然，她
們得在這消費。另外，很多女
生甚至一直背著這款手提袋，
作為裝飾。就這樣，廣告變成
個性的展示。

六塊小麥色腹肌

食品能提高人的健康、
外形和自信嗎？能！這是
Wheaties牌穀物早餐做出的承
諾。該品牌以購物袋的方式表
達了上面的意思，看起來似乎
會有效果。這款購物袋受到顧
客熱捧。

整形手術

你的新鼻子可能看起來就
像這樣。加拿大多倫多的一家
整形機構想出了這個有趣的創
意。

NEW
WAY

勇敢就是走新路。

START

243

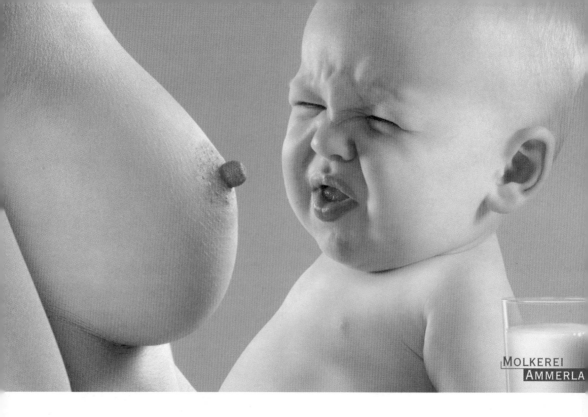

MOLKEREI
AMMERLA

—— 刺激神經的畫面 ——
比母乳更好

德國阿默蘭德乳業公司（Molkerei
Ammerland）敢於讓其產品與最強的對手
——母乳展開競爭，然後，他們成功了。

創意

　　小成本，大創意。這家公司堅信：沒有哪種奶比阿默蘭德的味道更好。貌
似我們的小傢伙們也同意這樣説。

效果

- 廣泛轉載於各大廣告和設計網路部落格
- 榮獲歐洲權威廣告評比Epica印刷類金獎

站在那裡頭暈目眩

不用往下跳，一個簡單的想法就讓人腿直發抖，腎上腺素飆升。只需要一些新的視角。

創意

　　看一眼電梯的地板，感覺如在天際，一張貼紙全搞定。由於瑞士最大的跳傘學校缺乏宣傳資金，沒辦法做大型的廣告宣傳，他們就策劃了這樣的遊擊活動。小資金也能實現大成效。

效果

- 在國內和國際上引起巨大的媒體回響
- 許多電視臺和雜誌對此進行報導
- 活動以來業務量激增

── 毛茸茸的廣告 ──

毛毛全甩掉

　　Tondeo牌耳鼻毛修剪器做了一次讓人汗毛直豎的廣告。這家企業問了自己一個問題：我們的目標客戶會在哪裡看廣告呢？答案是：在公園或者人行道的廣告板上，邊散步邊看廣告。就在這些地方，Tondeo公司掛上他們的看板，並且機智地將廣告與環境結合起來，讓草木和樹枝從看板上放大的人耳和鼻子中肆意「生長」出來。

　　這次廣告不僅給大家帶來了笑料和聊天話題，還提高對產品的需求。活動期間，產品網站點擊量顯著提升。

一點不留！

　　BIC是世界一流的刮鬍刀、文具及打火機品牌。它的創意戶外廣告是這樣設計的：一塊白色的廣告牆前面放了一個超大的BIC刮鬍刀造型的割草機，沒有文字，沒有圖片，只能從商標上看出品牌的資訊。這次活動突顯了品牌與產品。

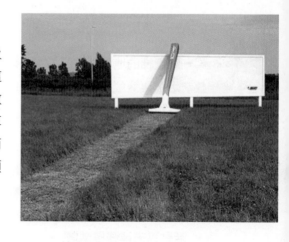

讓它發光！

Kindern erzählen wir Geschichten, damit sie einschlafen. Erwachsenen, damit sie aufwachen.

我們為孩子講故事，為了哄他們入睡。我們為大人講故事，為了讓他們醒來。

赫曼‧謝勒
（ Hermann Scherer ）

殯葬公司的「致命」廣告

是一次沒品地搏版面？還是一次優秀的行銷？對此每個人都得自己下結論。無論如何，吸引注意力的目的是達到了。

創意

有些行業，對它們來講，做廣告總是很難。其中之一就是殯葬業。在許多國家中，人們對死亡的態度相對開放，而在德國則幾乎沒有關於殯葬業的宣傳活動。為了打破行業陳規，柏林的一家殯葬公司做了大膽的嘗試。在為期一個半星期的時間裡，柏林施瓦茨柯普夫地鐵站內廣告板上出現新的內容，上面用大號字體寫著：請再靠近一點。

關鍵是，這廣告板可是掛在地鐵鐵軌內側。德國廣告委員會非但沒為此感到興奮，還指責這家公司有誘導行人自殺之嫌。據該公司所有者表示，從這次廣告活動的回饋來看，90%至95%的聲音是正面的。

特別之處

向其他國家學習，用黑色幽默的精神來對待一個沉重的話題。到底人們喜不喜歡它，這是個品味問題。絕大多數的回饋是積極的，這說明，德國人對待這個話題並沒有想像中那麼嚴肅嘛。

效果

- 德國廣告委員會（非正式）批評
- 透過網路在全球廣泛傳播
- 成為很多網路部落格的話題焦點

廣告收到的回饋中 **95%** 為積極

檔案：			
什麼？	誰？	在哪裡？	什麼時候？
廣告看板	貝格曼 & 索恩（Bergemann & Sohn）殯葬公司	德國，柏林	2012 年 4 月

精細活

一則另類的招聘廣告——
新科技讓求職變為一種體驗

QR Code 技術將原本印在報紙上的簡單廣告變成一種互動，正好讓應徵的紋身師大展身手

創意

　　創造性的工作職位需要創造性的招聘手段。誰想來這家新開張的紋身工作室工作，就得把事先印在仿皮膚紙張上的QR Code用細尖的筆描畫出來，而且得描得清楚乾淨、不差分毫。只有這樣，才能證明你的雙手夠靈巧。也只有這樣，才能用手機掃描識別出這個QR Code，進而得到正確的招聘網站連結。

特別之處

　　一條獨特的廣告，找的正是那些適合此項工作的人，順便還附帶了吸引顧客的作用。

效果

Those who want to apply for a job at the newly opened **Bergge Tattoo**, must carefully fill out the QR code and show off their skills, in order to access the application form.

* Berrge紋身工作室透過這次活動收到大量求職申請，並借此結識許多天才紋身師
* 其中兩人被成功錄取
* 活動後業務量大增

被點讚和轉發超過 **3** 萬次

檔案：什麼？	誰？	在哪裡？	什麼時候？
印刷廣告	Berrge 紋身工作室	土耳其，伊斯坦堡	2012 年

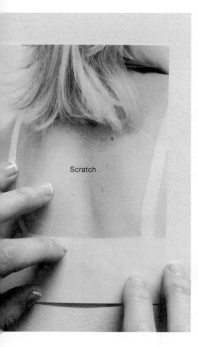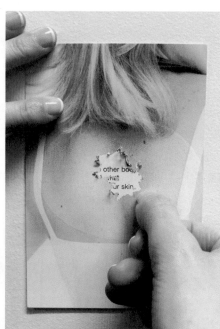

從觸覺上感知產品

拿到這款產品的傳單，喜歡刮獎的人會有所收穫：你將會明白產品優勢何在。

創意

　　就像拿到刮刮卡一樣，傳單請讀者在印著女性背部的圖片上刮一刮。刮去表層，之後出現一句話：「如果你使用的是其他沐浴產品，剛才那些就是你對自己皮膚的所作所為。」旁邊配上產品的照片：一瓶多芬（Dove）沐浴乳。這次活動主要是郵寄這款創意廣告單給加拿大知名的網路部落格主。

效果

- 網路上關於該產品的話題熱度上升14%
- 活動期間網頁點擊量達180萬次
- 廣泛的網路傳播

有時得換個角度看問題。

Erlaubt ist,
was gelingt.

最後獲得允
許的總是那
些管用的辦
法。

馬克斯・弗里施
（Max Frisch，瑞士著名作家）

Just because it fits, doesn't mean it'll work.
Choose Volkswagen Genuine Parts.

Das Auto.

— 不搭配的……—

……就是不適合的。大眾公司
的印刷廣告所傳遞的觀點一目
了然！

觀點很簡單，用意卻深遠。

創意

　　這些廣告上印的是被設計成拼圖的照片。每個廣告中都有一塊拼圖被替換成不搭配的東西。例如說，隱形眼鏡被換成圖釘、飛盤被換成一條蛇。下面緊跟著一行字：「只是能裝上，並不見得會起作用。大眾原裝配件，你的明智之選。」

特別之處

　　這家汽車生產商使用一批完全不相干的照片，與廣告的主題——汽車毫無關係。照片中設計出的那些極為醒目的「錯誤」讓這組廣告深入人心，它提醒著顧客使用非原裝品牌配件的後果。

效果

- 此次活動受到許多廣告和設計部落格的關注
- 榮獲2013年度坎城廣告節獎項

檔案：			
什麼？	誰？	在哪裡？	什麼時候？
印刷廣告	大眾汽車集團	南非	2013 年

完美的廣告版面──
把包裝當成創意廣告板

喚醒衛生意識──
高露潔用一款帶來驚喜的包裝盒做到了。

創意

　　高露潔（Colgate）公司為當地的披薩店提供一款特殊的包裝盒，為的是推廣新產品——高露潔Max Night牙膏。包裝盒上的文字提醒顧客在晚餐後刷牙。

特別之處

　　在正確的地點巧妙地打廣告。多麼合理啊，吃完東西就是得刷牙！

效果

- 廣播、電視及網路紛紛進行報導
- 許多知名設計部落格報導並轉載了此次活動

活動首日在當地發售 **3,000** 份披薩

檔案： 什麼？	誰？	在哪裡？	什麼時候？
直接行銷	高露潔公司，高露潔 Max Night 牙膏	法國，巴黎	2010 年 10 月

── 重生 ──
與古老的藝術大師親密接觸

坐落在一棟大樓裡的整容門診精心佈置它別具一格的廣告。輕輕一按，每個人彷彿都覺得自己成了「亞當」。

創意

　　米開朗基羅的神作《創造亞當》被拿來做了一次有趣的解讀。每個按下電梯旁按鈕的人幾乎都可視為參與本次廣告活動。那麼，他們也應該到3樓的整形門診去看看，了解一下真正的「重生」。

效果

- **知名廣告和設計網路部落格紛紛轉載**

幻想家的魔咒

Werben ist kuscheln-
Kaufen ist

做廣告是調情，購買則是做愛。

珍妮・哈雷尼
（Jeannine Halene）

eBay德國有限公司，隸屬於總部位於美國加利福尼亞州聖荷西市的eBay有限公司，是德國最大的網路交易平臺。擁有逾5萬門類的5,000多萬件商品，用戶人數超過1,800萬，平均每人每月線上時間為1小時58分鐘。這些讓eBay從1999年至今始終被視為德國網路零售業的標杆。

我們的電器品類需要即刻尋找：

有閒置手機的人

我們需要你具備以下條件：

關於細節你一無所知。正因為eBay是最大一家服務於私人賣家的網路交易平臺，你無需做到精通你的產品。這也行？是的，我們需要你，就因為你有些不用的東西。讓我們找到你，這就夠了。只需告訴我們，你的手機目前是什麼狀態，別的都不用你做！與溝通客戶、介紹商品、收款。我們搞定一切。

如果你更願意出售你的數位相機？在eBay每分鐘都有一部數位相機被賣掉。你有充分的理由最後一次把它拿在手中，打包準備郵寄。或者說你收藏的CD專輯不想要了，並且還願意把每小時的工錢提高一點，那麼你只需要花60秒鐘去設置一下！歌手Tupac的《All Eyez on Me》專輯平均能賣到29歐元呢——也就是說，折合成時薪每小時賺1,740歐元。1,740歐元，這些錢夠你買很多手機了，何愁沒有閒置？

棒極了，是不是？現在就來eBay.de當賣家吧。

eBay正在尋找賣家

—— 小廣告 ——

是不是感覺它在對你説話？
那就説明這則廣告已經生效了！

網上拍賣平臺 eBay 用一則誇張的文字廣告
成功吸引了注意力。

266

創意

    為了進一步提高拍賣業務量，eBay借助在報紙上打傳統小廣告的形式，向賣家發出召集令。極具創意的語句和吸引目光的標題，讓這組廣告在小廣告的茫茫大海中如鶴立雞群般鮮明奪目，而且還能讓讀者會心一笑。

特別之處

    這樣做讓產品本身也成了一種創意：小廣告！很有意義，難道不是嗎？

eBay.de即刻尋找：

一個有吐司麵包機的人

需要符合以下條件：
如果你現在在想：「呃，吐司麵包機呀，我有一個。人嘛，我也是一個。這就像是在說我啊！哇啊。」那麼我們要找的就是你。

此外，你還需要：
不一定非得是吐司麵包機──如果你願意，咖啡機也行。畢竟平均每個家庭有1.02件此類閒置不用的電器。或者你想試試手機（平均閒置數為1.09），或者是一套咖啡餐具（一套德國唯寶的「老盧森堡」杯具現價為137歐元）或一台筆記型電腦。你瞧，你來eBay的可能性就像我們提供的商品一樣，各種各樣！

別急著給我們，投簡歷！
只需要把你的商品放在eBay上，成為賣家。讓我們看看，你還有什麼問題，或者說你還有什麼用不著的東西。

eBay正在尋找賣家　　　　　　ebay

---

eBay.de尋找：

不讀書、不游泳或者不騎自行車的人

我們需要你做的：
為什麼人們買到的二手家用運動器材總是「嶄新的」？你知道這到底是什麼原因嗎？為什麼當作舊物出售的《手把手吉他學習書》絕大部分都「像新的一樣」，或者空手道訓練服在多數時候都是「只穿過一次」，你知道這其中的祕密嗎？那麼你就是我們的人了。

我們能為你提供的：
一個機會，讓你把從未真正有過的愛好變成職業！快把你那舊的空手道黃帶訓練服放上來，然後練你那錢的「功夫」吧。

你的機會：
等著你的將是難以置信的發財機會：這份工作你想什麼時候幹就什麼時候幹，想幹多久就幹多久。不光如此，你甚至還能自己決定拿多少薪水。聽上去很有吸引力吧？
今天就來加入我們吧。1,800萬的潛在買家就等著那些你不再喜歡的東西啦。

快來eBay當賣家吧。

效果

- 摘得一項紐約藝術指導俱樂部（ADC）大賽獎盃
- eBay平臺交易量短期內得到提升

檔案：			
什麼？	誰？	在哪裡？	什麼時候？
印刷小廣告	eBay	德國	2013 年 3 月

小眾規則
不一般的圖表

貓頭鷹的生活週期策略
（每天時間分配占比）

山綿羊的參與度指數
（每天時間分配占比）

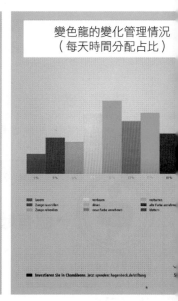

變色龍的變化管理情況
（每天時間分配占比）

Hagenbeck 動物園發起一項募捐活動，目標群眾是富足的漢堡生意人和私人慈善家。

創意

　　直條圖和圓形圖抽象地描繪出動物目前的狀況。這些本來就是目標群體的慣用語言，因此與普通的彩色動物照片相比，這些圖表更容易吸引銀行家和商人的目光。這是一份精緻考究的捐款請求。此組廣告在耶誕節前夕打出，因為眾所周知，這段時間大家的捐款熱情要比平時更高一些。

效果

- **當地多家企業為動物園的動物們捐款**

看得清的好行銷

**眼鏡、閱讀、句子、詞語、字母。就是它了！
羅敦司得眼鏡（Rodenstock）一次創意廣告
活動就此誕生。**

創意

　　各種樣式的字體造型讓這些眼鏡看起來各不相同，它們放在一起構成一件
藝術品。小眾化的表現方式突出了該系列產品的純語言主義設計理念。這次活
動進一步加深顧客對羅敦司得眼鏡設計新穎、品質上乘的良好印象。

效果

- **自活動開展以來，銷量增長6%**

── 可以撕的小把戲 ──
能撕掉的裙子

簡單而有效的街頭傳單廣告，看起來像芭蕾舞蓬蓬裙，宣傳內容其實是芭蕾舞課程。

創意

　　芭蕾舞培訓課：放在街道中間的粉紅色傳單。下面一圈可以撕掉的小紙條看上去就像一件小蓬蓬裙。這可真是吸睛利器，而且造價低廉，活潑可愛。

效果

- 薇薇安芭蕾工作室（Vivianne's Ballett Studio）迎來了一批手拿傳單小紙條前來報名的新學員

瘦下來了

體重可以降得如此神速──減肥療養班巧妙設計的撕紙宣傳單。

創意

減肥人士能在超市的黑板上看到這種可以撕的創意宣傳單。一個小小的創意和很少的資金投入就能取得巨大的成效。

效果

- 此次撕紙廣告直接與品牌的承諾相呼應。
- 做得太好了！

Nichts ist so beständig wie der Wandel.

沒什麼比變化更為恒久。

赫拉克利特
（Heraklit，古希臘哲學家）

4.7

手機應用
& 網路

再也不用尋求開鎖服務了？

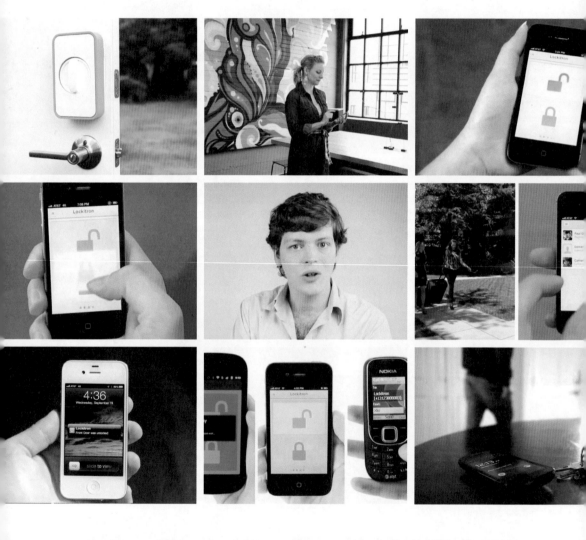

這是一家名為 Apigy 的新興創業公司做出的
承諾。透過募資的方式，該公司獲得足夠的
資金來實現這個創意。

276

創意

　　又好又簡單：人們不需要鑰匙也能回家了。專門設計出來的系統取代我們以往使用的鑰匙的功能。智慧門鎖Lockitron透過無線網路連接到網路，在全球各地的任意一台手機上都能對門鎖遠端遙控。當人們走近大門時，門鎖可以透過藍牙功能直接自動打開。不僅如此，開門權還可轉移給他人。一旦門被打開或者鎖上，即便是拿鑰匙進行的操作，Lockitron都將會發送一條訊息通知主人。此外，這款產品還能在有人敲門時發出提醒。

特別之處

　　移動科技正在不遺餘力地用它的知識和本領為現實世界服務。

掃描QR Code上YouTube
觀看廣告影片

效果

- 第一款系列產品已全部售罄
- 大量網路、報紙和電視報導

檔案：			
什麼？	誰？	在哪裡？	什麼時候？
APP 手機應用	Lckitron 智能門鎖	美國	2011 年至今

「辦公桌唱片機」讓郵寄廣告與手機應用完美結合

讓一張黑膠唱片在紙板做的唱片機上播放，這可能嗎？沒問題！一款獨特的 APP 讓聽音樂成為一種新體驗。

創意

　　Kontor Records唱片公司製作一款特殊的郵寄廣告。人們收到的是一張真的能播放的黑膠唱片。這是一次復古行動嗎？不，因為這是透過手機APP來播放的。

特別之處

　　郵寄廣告這種傳統的模式因為搭上新科技的列車而提高層次，成功吸引目標群體的注意力。

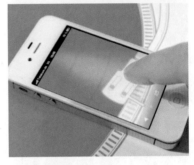

效果

- 900個QR Code中有71%被啟動

42% 的人隨後點開網路商店

回饋率比普通的郵寄廣告高出 **64%**

掃描QR Code上YouTube
觀看廣告影片

檔案：			
什麼？	誰？	在哪裡？	什麼時候？
郵寄廣告 &APP 手機應用	Kontor Records 唱片公司	德國	2013 年 4 月

Erfolg ist nicht durch das Mit-, sondern durch das Vormarchieren realisierbar.

成功不能透過並排前行去實現，而是要透過早人一步去達成。

赫曼·謝勒
（Hermann Scherer）

一個童年的夢想成真了：
自己的頭像香腸！

德國肉製品生廠商 Reinert 公司推出了一款
手機 APP，喚醒人們的童年記憶：每個人
都能看到自己的面孔用香腸做出來是什麼樣
子，而且還能轉發。

創意

　　誰沒見過這個場景？大人買點孩子愛吃的東西放到孩子手上。如果香腸能更個性化，那麼這產品該有多棒啊？Reinert公司用一款APP讓這個孩子們都有過的夢想重拾生機：用戶可以上傳一張照片，然後得到一張香腸臉照片。你還可以把這張照片作為電子名片轉發給朋友和家人。

特別之處

　　誰都想過，所以誰都願意來參與，因為這能喚起對往事的回憶。

效果

- **許多用戶參與活動，該品牌借此贏得無數Facebook粉絲**

檔案：			
什麼？	誰？	在哪裡？	什麼時候？
APP 手機應用	Reinert 肉製品有限公司	德國	2011 年

Das Prinzip der Tafeln ist einfach:

Sammle von denen, die genug haben und gib es denen, die zu wenig haben. Das kannst Du jetzt auch! Mit Deinen Kalorien.

Dank MILES FOR MEALS. Der Kalorienspende-App der Tafeln. Alles, was Du dazu tun musst, ist: Laufen.

  Das Prinzip

MILES FOR MEALS [9]

德國公益扶貧餐桌組織（Die Tafeln）的捐獻卡路里 APP：你所需要做的只是跑步！

一款 APP，兩件好事：你捐贈了食品，還同時燃燒了卡路里。

❾字面意思為公里數兌換餐食

創意

　　原理很簡單：這款APP透過記錄使用者跑步的距離來計算消耗掉的卡洛里。APP告訴你這些卡洛里相當於多少食品，然後你可以按相應的價格捐款給Die Tafeln公益組織，這些食品將被送給有需要的窮人。

掃描QR Code上YouTube
觀看廣告影片

特別之處

　　一款實用的手機應用與慈善結合起來。而且對使用者來説，點一下螢幕就能捐款，這要比填寫匯款單簡單多了。

效果

- MILES FOR MEALS成為至今為止下載次數最多的慈善功能APP
- 在網路和社群媒體上引發巨大回響

Die Tafeln 公益組織收到的電子匯款額增長了近 300%

檔案：			
什麼？	誰？	在哪裡？	什麼時候？
APP 手機應用與宣傳活動	Die Tafeln 公益組織	德國	2013 年

Suche nicht nach Fehlern, suche nach Lösungen.

別去尋找錯誤，要去尋找解決辦法。

亨利．福特
（Henry Ford，福特汽車公司創始人）

一句話概括：透過手機 APP 直接「試戴」，然後去最近的商店買下來

首飾設計品牌 Murat Paris 開發了一款手機應用，透過它可以足不出戶，直接挑選和試戴所有飾品。

創意

看一看、試一試、買下來。借助一款特別的APP，Murat Paris的飾品可以直接在自己手上試戴、比較，然後去最近的商店裡買到手。為了推廣這款APP和品牌，他們還在多份雜誌上打互動廣告。

特別之處

一次讓人忍不住去參與的新奇活動。想法很簡單：讓品牌觸手可及。而且，由於這種形式是全新的，所以格外引人注目。

掃描QR Code上YouTube
觀看廣告影片

效果

- 在網路和社交媒體上引發巨大回響
- 網上商店成交量上升

全球			
什麼？	誰？	在哪裡？	什麼時候？
APP 手機應用	Murat Paris	全球	2011 年

總算找到真正有意義的禮物了

ZEIT STATT ZEUG

第三部手機？第六條圍巾？第十瓶香水？在下一個紀念日前，在你決定再送一份此類「標準禮品」前，到Zeit statt Zeug上找找靈感，送點獨一無二的禮物吧：一起度過的時光。

禮物 專案 意見建議

一家名為 Zeit statt Zeug 的網站為困擾我們已久的選禮物問題提供了另類的建議：比如說用森林氣息替代香水。
這裡看重的是回歸樸素價值。

創意

耶誕節是不是又送女友一瓶香水？爸爸生日是不是送了他第二十條領帶？在這個物質消費社會中，我們已忘記該如何用禮物製造快樂。有了Zeit statt Zeug，這一切將會不一樣了。這裡有特殊形式的禮物：用森林氣息替代香水，或者，用逛動物園替代絨毛玩具。

特別之處

這種反物質消費的想法精確觸碰了我們當今時代的傷口，它用個性化的方式走進了我們的心靈，因為它讓我們想起樸素的、真實的價值。作為商業創意，它之所以取得很好的成效，正是因為它能在普通的物質消費浪潮中逆流而上，也因此做到了超越平庸。

效果

- **在網路社群媒體中引發巨大回響**

第一年即送出 **1.5** 萬份時光禮物

檔案：			
什麼？	誰？	在哪裡？	什麼時候？
網站	Zeit statt Zeug	德國	2013 年

Gehen Sie raus und zünden Sie die Welt an.

走出家門，
去
點燃世界。

赫曼・謝勒
（Hermann Scherer）

05

訪談

INTER-
VIEWS

與德國健身第一（Fitness First）有限公司總經理斯特凡·蒂爾克（Stefan Tilk）的談話

一名火車票打折卡銷售員能從亨利五世國王身上學些什麼？

……或者說，為什麼「健身第一」清空了他們的工作室，這裡有你想知道的答案。

珍妮・哈雷尼：健身行業的生命期一向是特別短的，而且競爭激烈。人們很容易想到麥健身（McFit）連鎖健身俱樂部模式，那可以說是行業巨頭了。那麼你認為，怎樣才能做到長期與之保持不同，從而站穩市場呢？

斯特凡・蒂爾克：每一個來到健身俱樂部的人都懷有不同的目的，可能是整體提升身體素質，也可能是減肥、增強力量，或者是以一項體育指標為目標進行訓練。我們為每個會員進行針對性的輔導，幫助他們以最優的方式和最高的效率達到目的。完整的成套健身方案、先進的健身科技及我們員工給予的鼓勵和指導，這些就是我們最基本的東西。因為人是透過人獲得動力的，而不是透過機器或者訓練器械。

服務和指導會對工作室的顧客在健身意願和結果方面產生直接影響。最新一期的《德國商品測試基金會雜誌（Stiftung Warentest）》得出結論：「認真的培訓師給予的關懷和鼓勵尤為重要，只有這樣動力才不會流失。」

> 我們對完整的成套健身方案進行追蹤。

▶ 出處：德國商品測試基金會雜誌 2014 年第 1 期，第 79 頁，《啞鈴時間到》

關於德國健身第一有限公司

・行業：	健身與保健服務
・年銷售額：	全球共5.11億英鎊
・總經理：	斯特凡・蒂爾克
・總部所在地：	法蘭克福
・成立時間：	1993年
・網址：	www.fitnessfirst.de
・規模：	在16個國家擁有381家俱樂部
・母公司：	健身第一有限責任集團（Fitness First Group Ltd.）

WE ARE FITNESS LEADERS WHO INSPIRE PEOPLE TO GO FURTHER IN LIFE.

這本雜誌給「健身第一」的訓練環境和訓練計畫都打了最高分。很成功——但對我們來說還不夠。我們今年發起了公司有史以來最龐大的員工培訓活動，老實說，不僅是為了我們自己，它將提高整個行業的服務水準。目前我們正致力於培養下一代的健身專家：上至經理、培訓師，下至顧客接待人員，所有的人都在朝一個目標進行學習，那就是以最佳的方式陪伴會員、支援會員，幫他們把健身成就最大化。

我個人認為，「服務」這個詞是有魔力的，它能讓你不同於競爭對手。大家對這樣的場景都不陌生：當我們作為顧客使用某種服務的時候，我們都想被當成「國王」。一聲親切的「你好」，一個微笑或者是員工樸實的關注就能產生奇蹟般的效果，拉近與顧客間的距離。

珍妮·哈雷尼：我們所處的是一個「注意力經濟（Attention Economy）」時代。注意力是21世紀最重要的貨幣。請問你如何能確保你們的品牌得到足夠的關注呢？

斯特凡·蒂爾克：透過自己創造潮流。比如我們已經在做的「自由操健身區」，它的靈感來自我們身體日常的一些活動（爬樓梯、園藝勞作等等）。我們設計了一套高效的全身訓練法，利用身體自身的重量達到預期效果，所以即便不用健身器械也可以進行鍛煉。優勢很明顯，我們的顧客在家也可以反覆做這些動作。為此，我們專門開闢了一塊場地。

當其他健身工作室不斷購置新器械時，我們首先想到的卻是擺脫這些繁雜的訓練機器，給自由操訓練騰出一塊空地來。這在當時是非常大膽的做法，絕對是與主流趨勢相悖的。如今這個方案卻成了許多健身俱樂部爭相模仿的對象。理所當然地，這個舉動讓我們成了行業

我們的圖片和文字應該傳遞出真實可信的資訊和故事。

的開拓者，也給我們帶來了獨一無二的關注度。在我們這裡，「以人為本」是基本宗旨。我們要成為健身者的夥伴，然後讓健身者成為我們的粉絲。

我們不盲目追隨那些無法長久持續的健身方向，而是把力量集中在能為會員帶來幫助的合作領域。訓練不僅僅是一項讓人消耗熱量的活動，還應該是一種與會員自身以及他的生活互相搭配的健身。我們的圖片和文字應該傳遞出真實可信的資訊和故事。

有時候就是要關上門窗，把外界的影響拒之門外，因為每天應付它們會讓你疲憊不堪、筋疲力盡。只有這樣人們，才能好好地關注自己的健身和健康目標。

珍妮・哈雷尼：那麼，公司裡最棒的想法是從何而來的呢？

關於斯德凡・蒂爾克

- **任總經理時間：** 自2009年初至今
- **職場經歷：**
  —先後任職於數家知名的行業領先公司，常受命於危難之際，歷經多次公司深度變革。
  —曾擔任「德國鐵路對話公司（DB Dialog）」營運發言人。該公司是德國鐵路集團旗下負責顧客關係的室內服務提供者，斯特凡・蒂爾克曾負責整頓顧客聯絡中心業務。
  —曾任歐唯特服務（arvato direct services）集團管理層成員，歐唯特是貝塔斯曼集團下屬的子公司，是全球最大的行銷公司之一。
  —著有《管理需要更大的勇氣（Courage. Mehr Mut im Management）》一書，在經理人界和專業圈引發關注。斯特凡・蒂爾克在書中號召經理人們：「別再抱怨與盲從」。

斯特凡·蒂爾克：來自合作中，與團隊的合作、與管理層的合作、與顧客諮詢中心的合作。如何行銷，朝哪個方向發展，我們的思考都是以消費者為核心展開的。有些設想是直接從俱樂部中萌生的，然後行銷部門再把這些初級的設想進行加工，最後形成了創意。

此外我還推崇「天堂之鳥」理念。不僅是因為我自己就是其中一隻，還因為我相信外行人能給公司帶來新的、重要的思想火花。有些事在別的公司看來是困難，在我們這裡卻是求之不得。

珍妮·哈雷尼：作為總經理，請問你對公司的市場行銷工作干預的深度如何？換句話說，市場行銷是由你直接主導嗎？

斯特凡·蒂爾克：我與我的管理團隊緊密合作，我的角色主要是「對方辯手」。我們團隊的成員之一——首席行銷官（CMO）是安德列斯·巴爾特（Andreas Barth）先生。他歷任多職，總是圍繞著顧客需要，不知疲倦地將宣傳與促銷活動做到效益最大化，並把他所主管的業務帶入可持續發展的良性軌道上來。

珍妮·哈雷尼：蒂爾克先生，你被譽為「整頓經理」，並且寫了一本書。你在書中提到，作為管理人士必須展現「勇氣」，有時需要作出非常規的決策。你能為我們的讀者舉幾個關於非常規決策轉化為成功的例子嗎？

斯特凡·蒂爾克：那麼我舉一個我在德國鐵路集團任職期間的例子吧。那裡是我職業生涯的起點，也是最初接收挑戰的地方。當時我年紀30出頭，也有幾年的工作經驗了。我接到的任務是進行一項整頓工作，改變北德地區1,000多名銷售人員日復一日的刻板工作，讓他們重振旗鼓。這工作可不輕鬆。我連續幾個晚上分組邀請這些員工進行面談。

> ## 要讓他們甦醒，觸動他們的內心。

來之前，員工們想像的可能是上百次的員工培訓，沒完沒了的無聊PowerPoint和圖表。就連我的上司很明顯想的也是類似的事情。因此，當看到我一個人站在深色講臺上，並沒有廢話連篇的老生常談時，員工們非常驚訝。對於很多人來說，我當時所做的直到今天還在激勵著他們。我講了亨利五世國王和阿金庫爾戰役的故事給他們聽。當然，用我自己樸素平實的語言。

我試著用這個故事去說明，目前我們的處境很可能只是主觀看起來沒有出路，而實際上與亨利五世一樣能夠找到突破，只要你有意願。當然了，並不是我說過之後的第二天火車票銷量就翻倍了，老實說這也不是我們的目的。我唯一的意圖就是，掀起德鐵銷售人員的激情，讓他們甦醒，觸動他們的內心。我做到了。直到現在還有以前的同事跟我聊起當年那次不同尋常的體驗。

另一個例子就是發生在「健身第一」公司的事──我所做的被視為非常極端的決策之一。我挑選的新任首席行銷官各方面都很好，除了一點，他以前是一家大型連鎖速食公司的行銷主管，也就是說，他不是健身界的業內人士。不得不承認，為了把思考模式調整到健身行業上來，他著實花了一番功夫，但這是我所做的最正確的決策之一！對於如何塑造品牌這件事來說，這個人就是比別人高明。而這一點也是我最看重的，其它都不重要。

關於阿金庫爾戰役

阿金庫爾戰役發生在1415年10月25日，地點在法國北部加萊海峽省的阿拉斯。英國亨利五世國王率軍對抗法國卡爾六世國王的部隊。這是英法百年戰爭期間，英國取得的最大軍事勝利之一。

特別之處：現代歷史學家考證認為，法國的兵力至少是英軍的四倍。因此這場有違常理的以少勝多戰役被載入史冊。

阿金庫爾戰役被認為是軍事史上最重要的戰役之一。

出處：維基百科

珍妮・哈雷尼：做出艱難決定的時候，可不會每次都被友好地對待。那麼，就這一點來說，你對那些想取得非凡成就的人有什麼建議呢？

斯特凡・蒂爾克：不知疲倦，適時開始。想要做出點成績，就必須在公司裡先苦幹一番。雖然這聽著有那麼點遺憾，但事實如此。誰想創造出不一般的事，就得做不一般的付出，並且提早預見到「危險」，這與運動差不多。

珍妮・哈雷尼：在德國有沒有哪項推廣活動，用不尋常的創意獲得極大的影響力？

斯特凡・蒂爾克：當然有了！OOH活動：第一個能用來減肥的廣告板。

珍妮・哈雷尼：「新媒體」給健身行業也帶來了變革。就在昨天，我看見一條網路訓練課程的廣告。像上面說的，我幾乎能把健身教練帶回家了。這些挑戰「健身第一」是如何應對的呢？你能想像一下人們2030年的健身會是什麼樣的嗎？

斯特凡・蒂爾克：你說的對，健身潮流愈來愈脫離傳統的「肌肉工廠」概念了。數位化以及類似「減速生活」的話題變得愈來愈有市場。

「健身第一」眼下正在進行一項「提高準線」培訓活動，也就是說我們已經在率先調整服務方向了。想要在比賽中保持核心地位，就得動起來。所以，如何把健身服務與數位化聯繫在一起顯得尤為重要。

▶「健康第一」設計出一款獨特的看板：它不僅能做廣告，還會說話。

我們以積極和樂觀的態度迎接這次挑戰，投入很大精力去尋找數位化解決方案，以便整合線上和線下服務。進而我想到，未來可能會出現一種更靈活的健身模式，能夠把在健身房做的和在家做的運動以某種方式結合起來。自由操方案就是我們朝這個方向邁出的第一步。

WE ARE FITNESS LEADERS WHO INSPIRE PEOPLE TO GO FURTHER IN LIFE.

珍妮・哈雷尼：那麼回到之前的話題「不一般的作為」。公司裡肯定也有人感到獨闢蹊徑或者說標新立異難以接受吧。你是怎樣說服和激勵他們的呢？

斯特凡・蒂爾克：如果人們一直做著同樣的事，就沒理由指望能獲得不一樣的結果。我不但自己身體力行，也努力地讓我的員工都明白這個道理。這很有說服力，也能帶來更多的勇氣。

珍妮・哈雷尼：你覺得市場行銷工作對於公司整體成功的作用有多大？如果10分滿分的話，你能打多少分？（最低1分，表示不重要，滿分10分，表示非常重要）

斯特凡・蒂爾克：11分！但前提是產品和服務必須擁有高品質。千萬不要做眼高手低的事，高承諾、低付出！否則行銷很快就會變成迴力鏢，到頭來傷害的是自己。

就拿我們獲得《德國商品測試基金會雜誌》肯定這件事來說吧，得獎說明我們做出了成績，我們也把這項榮譽很好地用在與顧客的溝通和推廣活動中。但我們當然不會就此止步、原地不動。我們推出龐大的員工全面培訓行動，就是為了能做得更好。

> 想要在比賽中保持核心地位，就得動起來。

珍妮・哈雷尼：你原本不是健身行業的人。比如你曾經供職於途易旅遊（TUI）、德國鐵路和貝塔斯曼。這一點對於你在「健康第一」的工作來說是優勢還是劣勢呢？

　　斯特凡·蒂爾克：在以前的雇主那裡，工作都是圍繞著各種改良和重組任務進行的。即便是在「健康第一」，2009年以後也是這種情形。客觀地說，從這方面來看，我以前的經驗是有用武之地的。

　　珍妮·哈雷尼：你自己在你們的工作室裡健身嗎？

　　斯特凡·蒂爾克：總經理的工作，無論在途易、貝塔斯曼還是「健康第一」，都有一項相同的挑戰，那就是：戰勝有限的時間。我努力做到每週健身一次，並請了私人教練。這讓我的身體年齡比實際年齡至少年輕10歲。另外，我在安排日常工作時也注意兼顧健康，比如在情況允許時我盡可能走樓梯而不乘電梯。

　　珍妮·哈雷尼：好啊，那我們不如現在就走樓梯吧！非常感謝你抽時間接受採訪！

Unsere Kunden sind die beste Werbung.

我們的顧客就是最好的廣告。

雷納・梅格勒
（Rainer Megerle，德國企業家）

與奧托集團（Otto Group）董事兼
赫爾墨斯歐洲（Hermes Europe）有
限公司 CEO 翰卓‧施耐德（Hanjo
Schneider）的談話

知道什麼是不能做的，
才是關鍵

一場關於強勁行銷、競爭優勢和大膽策略的
訪談

珍妮·哈雷尼：施耐德先生，你是奧托集團負責服務方面的董事，也是赫爾墨斯歐洲公司的CEO。我們常說：「今天的額外付出將變為明天的常態。」這句話你怎麼看？大公司如何做到始終如一地滿足顧客不斷提高的需要呢？

翰卓·施耐德：辦法就是超前思維，提前預見顧客的需求並滿足它。這就需要非常仔細地觀察和分析社會潮流發展趨勢。

把耳朵貼在顧客身上，這才是商業成功之道。同時也意味著要認真對待顧客的反應，仔細閱讀各種回饋管道收集到的顧客意見，特別是時下顧客能夠通過網路媒體平臺與企業進行互動。

這些資訊優勢是可以被我們用以改進產品和服務的。這樣企業才能成為潮流的前衛，品牌才能成為創新的先鋒。此中的關鍵在於保持住這種狀態，並從錯誤中快速吸取教訓。

> 把耳朵貼在顧客身上，這才是商業成功之道。

關於赫爾墨斯（Hermes）

- 行業： 商貿 & 物流
- 員工數： 1.1萬
- 總經理： 翰卓·施耐德
- 總部所在地：漢堡
- 成立時間： 1972年由韋爾納·奧托創立
- 網址： www.hermesworld.com

赫爾墨斯是奧托集團服務領域的全資子公司

珍妮·哈雷尼：一直以來，赫爾墨斯都是德國知名的一線包裹快遞公司。我想問的是，包裹服務，或者說這個市場並不是那麼具有吸引力，那麼在這一行也能透過創新得到提升嗎？

翰卓·施耐德：當然能！1972年，赫爾墨斯公司的創立本身就是一項具有前瞻性和革命性的創舉。韋爾納·奧托是一位非常值得人尊敬的企業家，他當時就想到為奧托公司的郵購顧客提供一種比當時德國聯邦郵政更好的送貨服務。就是這個想法讓赫爾墨斯誕生，並很快成為國有物流壟斷商的強力競爭對手，愈來愈多的企業轉而使用赫爾墨斯的服務。

原因之一就是赫爾墨斯將自己定位於可信賴的革新者，能夠針對不斷變化的挑戰找到解決辦法。是我們在德國的零售商店內設立了第一批包裹代收處。如今我們僅在德國就擁有1.4萬餘家包裹商店。

現在大家使用的免費包裹追蹤系統，能讓我們無時無刻都能知道快遞狀態的資訊，這個功能也起源於赫爾墨斯。我們設定的最高投遞嘗試數是4次，直到現在業內其他公司也無法達到這個標準。下一步，我們即將推出定時配送服務，顧客將能在任何希望配送的地點得到包裹，在家也好，在辦公地也好，甚至在度假地也行。簡單來說，赫爾墨斯的歷史就是一部以客戶友好型創新貫穿始終的成功故事。

> 對我們來說，對商業貿易需求的理解是根植在骨子裡的東西。

另外，我不贊成把包裹服務說成一種沒有吸引力的產品。事實剛好相反，畢竟我們運送給大家的幾乎都是大家熱切盼望的東西！

珍妮·哈雷尼：除了DHL、DPD、UPS和GLS這些競爭對手外，你覺得最大的敵人是什麼呢？

翰卓‧施耐德：是我們過去的自己。赫爾墨斯是奧托集團下屬的一家公司，是世界範圍內第二大網上購物運營商，歐洲最大的B2C服飾和家居用品網購運營商。對我們來說，對商業貿易需求的理解是根植在骨子裡的東西。一個包裹的收件人同時也是我們的一位顧客，也就是眾所周知的「上帝」。所以赫爾墨斯在給個人顧客（2C）提供配送方面也是專家。

這是我們的看家本領，我們的包裹首次投遞成功率達到90%。這是其他快遞公司望塵莫及的。雖然電子商務爆炸式的發展讓所有競爭者都想分一杯羹，大家都企圖涉足B2C模式快遞市場。但是給個人收件人配送需要的專業知識不同於B2B模式下為商戶配送。這就是我們的優勢所在，也因此我們今天才能成為最大的個人用戶配送快遞商。2014年7月，我們建立了首個覆蓋35個歐洲國家的專業B2C網路平臺。

> 我們的包裹首次投遞嘗試成功率，達到90%。

關於翰卓‧施耐德

- **出任總經理時間：**1998年
- **出任奧托集團董事時間：**2009年
- **學歷：**美國加利福尼亞州立大學高級管理人員工商管理學碩士（EMBA）
- **職場經歷：**
  －歷任鄧白氏（Dun&Bradstreet）集團歐洲公司多個經理級職位
  －曾主導鄧白氏組織部成功進行改革
  －1997年任丹砂公司（Danzas）總經理兼丹砂歐網公司（Danzas Euronet）主管
  －2001年兼任丹砂德國控股公司發言人
  －2002年任赫爾墨斯物流組主席
  －2009年進入奧托集團董事會
  －主導創立赫爾墨斯歐洲有限公司歐洲績效聯合會並任CEO

珍妮·哈雷尼：到現在為止我們談的都是包裹服務，而赫爾墨斯公司現在的業務實際上涵蓋全球商貿相關的所有環節的需求，包括物流運輸、品質檢測以及網上購物。是什麼讓赫爾墨斯一方面去鞏固核心業務，另一方面又去冒險做其他嘗試呢？

翰卓·施耐德：你說的對，現在赫爾墨斯旗下有12家分公司，它們沿貿易的價值鏈進行分工。從商品採購開始，然後是品質檢測、物流運輸，經過再加工直到網上銷售，最後是分送到最終用戶手中。赫爾墨斯是世界上唯一一家能提供此類全程服務的供應商。所有這些業務都已經在奧托集團的不同分支中歷經數年的磨練，例如現在的赫爾墨斯奧托國際公司在全球商品採購領域已經有40年的經驗！

我們把這些功能整合到一個品牌旗下，並透過整合使我們成為貿易商理想的合作夥伴。例如，有的貿易公司在亞洲有採購來源，但需要到歐洲進行銷售。可能客戶需要自己完成一些成敗攸關的關鍵環節，比如品類細分、市場行銷、客戶關係管理等，那麼其餘的由我們來做。

所以，我們把公司的理念，也就是做包裹服務的基本理念，推廣到供應鏈的其他環節上，給客戶提供專業的增值服務。

珍妮·哈雷尼：奧托品牌的那句由來已久的廣告語，「奧托——我覺得挺好」，現在還在繼續使用。這說明有時候人們願意忠實於舊的事物。但在別的方面，人們又在嘗試走新路。你認為，什麼時候應該去嘗試新東西，什麼時候應該守住舊習慣呢？

翰卓·施耐德：我覺得這句廣告語依然很朗朗上口。如果是好東西，那就不見得非得去做出改變。儘管如此，對於你的問題可能還是沒有一個絕對的答案或者標準。我只能說，奧托集團是一個家族企業。這就意味著，這裡的計畫是長期的、著眼長遠的，不需要為了維持

住投資者的熱情而去跟風每個浪潮，也不需要在每個季度都拿出某某之最的新成績。我相信，很多人光是看到奧托這塊牌子就會聯想到可持續、責任、值得信賴這些基本價值，不需要更多的解釋。這無疑是難能可貴的，也證明我們至今像走鋼絲一樣所做的一切，不斷地推動革新，牢牢守住堅持，還是不錯的。

這裡有一個漂亮的例子，就是集團下所有公司的環保投入。從20世紀80年代開始，它就被寫入了公司的永久目標中。在赫爾墨斯這裡，實現它的方式就是平均核算到每份包裹上的二氧化碳排放量顯著下降，儘管包裹總數量是不斷增加的。當年蜜雪兒·奧托博士把生態效益作為核心理念帶入公司的時候，

> 能不能在實踐中發揮作用，唯有嘗試後才能知道。

起初被很多人嘲笑。如今反過來了，早期的投入被當成典範大加讚賞，並且在過去幾年中有了不少追隨者。這就很好地說明了創新如何以不變的形式成為決策關鍵和公司價值。

珍妮·哈雷尼：你如何看待Facebook和其他類似的平臺？就你個人觀點來講，這些新興媒體對企業形象和品牌發展有什麼樣的影響呢？

313

翰卓·施耐德：網路社交媒體將來也會繼續驚人地繁榮下去。從企業的角度來看，這是令人高興的事，因為透過網路的「推送」效用可以使產品在最短的時間內成為暢銷品和搖錢樹。但是也可能在幾小時內就被負面批評聲音淹沒，給企業形象帶來巨大的影響，而實際上可能連因果關係都沒理清。有時候某個人因為誤會做出的某件事，本來是無中生有，結果卻被成百上千次轉發，產生的影響遠遠超過了事實本身。現在就對網路社交媒體下結論還為時尚早，因為我們現在經歷的僅僅只是開端。在未來的數年中，社會的發展將深深地印上網路社交媒體的烙印。有一點是肯定的，人們有了更多的對話管道，作為企業也必須提高存在感。即便有時候做這些並不舒服，但沒別的辦法。

珍妮·哈雷尼：我們這本書裡收錄了很多非同尋常的行銷實例。你個人對「另闢蹊徑」有什麼看法呢？這樣做在實踐中到底有多大作用呢？

翰卓·施耐德：一項計畫是否能百分之百奏效，人們根本無法知道。雖說你可能做了很多市場調查，但是能絕對、完全保證一個產品取得成功的東西是不存在的。因此，反覆嘗試和不斷摸索不單是我們每個人生活的一部分，對商業來講也是一樣。能否在實踐中發揮作用，唯有嘗試後才能知道。如何面對「另闢蹊徑」這個話題，實際上是企業文化中一個重要部分。是否允許做出嘗試，甚至允許犯錯誤呢？這需要包容、勇氣，以及做好準備，一旦新路被證明是錯誤的方向，就馬上離開那裡。正像那句話說的：「如果你失敗了，那麼請失敗得快一點！」

珍妮·哈雷尼：你在赫爾墨斯歐洲公司裡負責歐洲的業務拓展。能否講一講其他國家的情形？在德國「Homing（宅辦公）」的趨勢愈來愈流行，這也加速了電子商務的發展。別的國家也是這樣嗎？

翰卓·施耐德：我不知道是不是「Homing」導致了電子商務的極速發展。其實網上購物有很多明顯的優勢，比如比較價格變得非常簡單。人們的購物方式完全不同了，相應地，企業的銷售管道也隨

之改變。在愛爾蘭，電子商務銷售額已經占到企業銷售總額的近1/3。而在德國，這個比例只有14%。要是從全歐洲觀察個人購物活動的話，可以看出，最熱衷網購的不是丹麥人、瑞典人或者德國人，而是英國人。不過就算在那裡也還存在上升空間。

珍妮・哈雷尼： 這種國際化的發展趨勢肯定讓赫爾墨斯受益不少吧？

翰卓・施耐德： 是的，而且是多方面的。首先，我們早就做出決定，在電子商務銷售額最多的歐洲國家建立自己的包裹分送網。所以我們赫爾墨斯目前在德國、英國、奧地利、法國、義大利和俄羅斯都營運得非常好，分享著由網購增長帶來的包裹增量的好處。在其他歐

洲國家，我們則透過與本地運營商合作的方式開展業務，由他們負責客戶終端的包裹配送服務。此外，我們也從不斷增長的跨國購物中受益。愈來愈多的消費者從國際貿易平臺上購買商品，例如法國的商品需要送到德國或者英國買家的手中，這當然也是我們的業務範圍。

珍妮·哈雷尼：我對交通和物流的話題非常感興趣，說不定我的血液裡有那麼點汽油的成分吧。現在的城市已經被汽車塞滿了，快遞配送車擠在混亂的車流中，有時候甚至還停在我的車庫門口，那裡可是禁止停車的。將來我們是不是得做點什麼改變這種狀況呢？

翰卓·施耐德：首先得說明一點，物流從來不是為自己上路的，都是為了完成委託給他們的任務。所以，我希望我們的行業能得到更多的理解，特別是消費者們的理解。實際上，城市物流這個話題已經愈來愈多地成為一項需要政治和經濟共同努力去應對的挑戰。

比如說，我極力主張允許大城市的快遞配送車使用公車道，前提是他們的車使用電力或者其他替代動力。還有可以嘗試的是，在一定區域內，組織電動汽車把來自赫爾墨斯、郵政、GLS和DPD等快遞公司的包裹進行統一配送。

為了對環境負責，整個行業無論如何都應該以開放的態度來探討這些話題，就算是那些已經在此領域做出些成績的品牌也不該例外。同樣地，還應該在人口密集區域設置跨快遞公司的統一包裹中心，讓終端消費者可以很容易地收發快遞。

珍妮·哈雷尼：你認為市場行銷對公司整體成功所起的作用有多大，或者說有多關鍵呢？假設評分範圍是1到10，你打多少分？（最低1分，表示不重要，滿分10分，表示非常重要）

翰卓・施耐德：我覺得市場行銷非常重要，特別是在吸引個人消費者的時候。但是，你必須能夠提供可靠的服務，而且服務的品質要足夠高，讓人們認為你的行銷是可信的。此外還有一點非常重要，讓你的服務具有高辨識度，即使經過很長時間也能讓人再次認出它來。

所以，多年來我們一直與兩度加冕的一級方程式賽車世界冠軍哈基甯（Mika Häkkinen）合作，他是我們的品牌代言人，現在成了我們真正的朋友。除此以外，廣告平臺的效率、平臺的覆蓋面、廣告媒介等因素也很重要。從2013年開始，赫爾墨斯成為德國甲級聯賽的指定合作夥伴。幾百萬的球迷每週末都會在他們喜愛的球隊隊服上看到我們的商標，覆蓋範圍可以說是相當廣。德國足球職業聯盟（DFL）會給德甲聯賽做一流的宣傳，所以在200多個國家的電視節目中，你都能經常看到我們。總的來看，這是一項很棒的合作，條件也很公平，收益巨大。所以我的評價是8分。

珍妮・哈雷尼：你以往的經歷給我留下了深刻印象。回首過去，你認為哪些決定使你收益最多，無論是循規蹈矩的還是打破常規的？

翰卓・施耐德：事業上的成功是無法預先規劃的，可能就是一念之間的事！這一念決定了其他的事，然後這些加起來形成了結果。成功的先決條件是可靠和誠實的品質。如果只是裝出來的，總會有一天會露出馬腳。人永遠不要忘記本分。

還有，樂於擔當責任也是成功的優勢之一，但有時也需要適當拉開距離。度假的時候最好別看郵件，相信你的同事們。對於那些總是在追求挑戰的人，

我們得小心應付。他們如果任職於某一家公司，通常會在尚未發揮明顯作用前就又離開了。那些只靠上班時間賺錢的經理人也是危險的。

所以，比區分「循規蹈矩」還是「打破常規」更為重要的是，在正確的時間有人來做決定。這就需要意志、執行力，有時候還得具備勇氣。

珍妮・哈雷尼：就你自己來講，成功的祕訣是什麼？

翰卓・施耐德：人可不是一輩子就靠一條祕訣活著的，也幸虧如此，否則那樣也太無聊了吧。人總是在積累經驗，提升自己，並且從中獲得領悟。對於長期意義上的成功，一個重要的條件就是，永遠樂於接受新事物的開放態度。

此外還得有敢說真話的同事和員工，而不是你想聽什麼就說什麼的人。還要隨時張開耳朵去聽別人的意見和觀點，而同時又要保持獨立。說實話，這並不是像聽上去那麼容易，畢竟這有點違背人類本性，但恰好是這點讓我受益良多，讓我成了一個最好的自己。

Viele kleine Dinge wurden durch die richtige Art von Werbung groß gemacht.

很多小東西借助得當的廣告變成了大傢伙。

馬克・吐溫
（Mark Twain，美國著名作家和演說家）

與德國網站 NEU.DE 總經理
約阿希姆・拉貝（Joachim
Rabe）的談話

市場行銷在 NEU.DE 這裡是「大影院」

如何用合作的方式進行聰明的行銷

珍妮・哈雷尼：NEU.DE公司的宗旨是什麼？從市場行銷方面來看，你們與eDarling、精英伴侶等競爭對手有什麼不同？

約阿希姆・拉貝：與競爭對手相比，我們的優勢在於能更快、更便捷地做出行銷決策，因為我們這裡決策自主度很高。

我們首要的行銷目的不是去再現曾有過的新增註冊會員數量，而是透過行銷不斷提高品牌形象，並在網路上得到積極傳播和轉發。我們夢寐以求的行銷活動應該帶給人們一些金錢難以買到的獨特體驗，以此將NEU.DE品牌情感化。

> 我們夢寐以求的行銷活動應該帶給人們一些金錢難以買到的獨特體驗。

珍妮・哈雷尼：這聽起來是個很大的願景。真要長期堅持去做，要麼需要一大筆行銷預算，要麼需要極為聰明的想法。

關於 NEU.DE 網站

- **行業：** 線上婚戀網站
- **宣言：** 從這裡開始。
- **員工數：** 全歐約400人
- **總經理：** 約阿希姆・拉貝
- **總部所在地：** 慕尼克 & 巴黎
- **成立時間：** 2002年
- **母公司：** 蜜糖網股份公司（Meetic S.A.）
- **網址：** www.neu.de

約阿希姆・拉貝：實際上是你說的後一種情形。很多時候，活動的想法都是在與其他公司對話的過程中產生的。不少公司找到我們時都已有成形的方案，比如說佰多力（Bertolli）公司。這次以「義大利麵尋找肉醬」為口號的活動已經被佰多力公司設計成熟，接下來要做的就是直接在銷售終端的超市擺攤位了。誰會乾吃義大利麵條呢！

把別人的用戶群體轉化為我們的，這對我們來說非常有用。

所以，至今為止我們捉襟見肘的預算尚能維持可控的狀態。此處的關鍵字就是「乘法行銷」。每個合作方都得到一個雙贏的結果。好在我們的用戶群體非常廣泛，這真是太幸運了！

很多公司都尋求與我們合作。共同的預算意味著你只需拿出一半的錢，所以無論從經濟上還是從廣告上來看，這對合作雙方都可謂是豐厚的成功。

珍妮・哈雷尼：有沒有一項行銷活動，因為一些原因而對你而言十分特別呢？

約阿希姆・拉貝：有，我一下子就想到一個！我最喜愛的活動是曾經在慕尼克舉辦的一次珊卓・布拉克（Sandra Bullock）電影首映會。為了這場首映，我們在晨間廣播中投放了一段廣告。一名晨間節目女主播用甜美的聲音充滿感情地說道：「與你的一生之約相遇吧。」50位NEU.DE的會員將獲得機會參加首映式之後的內部派對，在明星的見證下與他或她所選擇的心儀之人進行第一次約會，也可以叫「珊卓・布拉克之約」。

人們都興奮極了，將這好消息奔相走告。慕尼克什麼時候也能有好萊塢巨星出席的首映會啦？！人們互相轉告並分享著這些經歷。因其唯一性和巨大的吸引力，這次活動產生了非常廣泛的影響力。

> 人們都興奮極了，將這好消息奔相走告。

珍妮・哈雷尼：我注意到你說的「分享」這個詞？這些經歷是不是真的被分享到了

Facebook等社群網站上了呢？我能想像，參加相親大會其實是件比較私人的事情。你們的客戶是否願意讓朋友們知道他或她在「找朋友」呢？

約阿希姆·拉貝：是這樣的。社群媒體這個話題在我們這行說起來沒那麼簡單。相親服務確實沒有「拉風」的作用。也正因為如此，我們才一直努力樹立非同一般的品牌形象。

珍妮·哈雷尼：那你們到底是怎麼做的呢？

約阿希姆·拉貝：我們試著樹立一種積極的形象，來消除大眾對於婚戀網站的戒心。我們的做法是創造體驗。一個很好的例子是與Arqueonautas服裝品牌的活動。對，這又是一次與夥伴公司的合作。活動的招牌是著名好萊塢影星凱文·科斯納（Kevin Costner）。在NEU.DE的一次抽獎活動中，參加者有機會贏取兩張去德國敍爾特島的機票，並能憑此參加品牌發表會。Arqueonautas的品牌形象大使，凱文·科斯納將帶著他的樂隊全程參加發表會。

這同樣是一次激動人心且獨一無二的機會，與好萊塢巨星共度夜晚，一起站在吧台前碰杯，或者沉浸在他現場演唱的美妙歌聲中。這絕對是一次永遠難忘的回憶。

關於約阿希姆·拉貝

- **出任總經理時間**：2008年
- **學歷**：商學碩士，企業管理學專業，側重廣告心理研究
- **職場經歷**：
  捷孚凱市場諮詢公司（GfK）、布林達（Burda）出版媒體集團、彼博媒體公司（As peeper Media）、互動媒體（Interactive Media）及蜜糖網股份公司

珍妮・哈雷尼：也就是說，你們非常看重舉辦活動。可是凱文・科斯納可不總是隨叫隨到啊？

約阿希姆・拉貝：對。所以我們也有固定的、每天都辦的活動。NEU.DE從星期一到星期五，每天都在酒吧舉辦活動，參加的費用也不高。場地都是免費的，因為酒吧都喜歡看到他們的店塞滿客人。

這類活動可以拉近彼此的距離，帶來信任，並且讓人們感覺到我們是一個實實在在的品牌，而不僅僅是一個網路上的平臺。

珍妮・哈雷尼：那麼，NEU.DE的成功祕訣就是「乘法行銷」了？

約阿希姆・拉貝：是的。市場行銷並不見得總要花大錢。就像你在NEU.DE看到的，我們用有限的支出帶動了整個目標群體。

Nichts geschieht ohne Risiko. Aber ohne Risiko geschieht auch nichts.

不值一提的事
情做起來沒風
險。可是，沒
風險的事情做
起來也不值一
提。

瓦爾特・謝爾
（Walter Scheel，前德國總統）

與剪之角（Cut Corner）美髮工作室總經理安德列・利希滕斯坦（André Lichtenscheidt）的談話

這位美髮師在行銷方面製造波浪的能耐，就像在頭髮上製造波浪一樣大！

一家鄉村搖滾風格的理髮店，視為顧客提供獨特的私人服務被視為要務，來這裡的人最後幾乎都變成了常客。

珍妮‧哈雷尼：你好，安德列，很高興認識你！你從2009年7月起在杜塞道夫開辦美髮沙龍，而且取得非凡的成績。為什麼人們都來找你理髮呢？杜塞道夫可不缺好理髮廳啊。

安德列‧利希滕斯坦：你好！是啊，這是個問題！（大笑）我們團隊的每個成員都為我們的成功做出了貢獻。而且，我們提供一種非常棒的美髮服務，再加上我們帶給顧客一種老友間的輕鬆氛圍，像一群一起喝啤酒的老朋友一樣。如果你問，是什麼驅使我們這麼做，答案是：我們不僅要讓顧客變美，還要讓他們高興起來！

我們這裡有兩部份沙龍區域可供顧客選擇。一邊是裝飾成古典風格的沙龍，提供最前衛的染色和造型設計諮詢服務，另一邊是舊式的理髮店風格，那裡有傳統的手藝，從經典的刀削髮到俗稱「貓王頭型」的背頭髮型，以及慢節奏的剃刀刮臉。在這兩塊區域都為顧客提供常見的飲料，如Espresso咖啡、茶，以及飲用水，下午4點以後還有啤酒喝！是那種裝在0.2升玻璃杯裡的溫和的法國啤酒。下班後來我們這小酌一杯，既不會讓人懊悔，也不用擔心駕照被扣。

對於沒開車的人，這裡還有高度數的小口杯，都是從美國、蘇格蘭或者法國進口的。此外，我們還設了一個單獨的吸煙室，比如等待染色劑著色的女士或者先生們就可以在那來上一隻雪茄或香煙，而不必為此跑到室外去。乾杯！

> 我們不僅要讓顧客變美，還要讓他們高興起來！

關於剪之角

‧行業：	現代美髮沙龍，搖滾美髮館 & 舊式理髮店
‧年銷售額：	全球共5.11億英鎊
‧員工數：	4名雇員
‧總經理：	安德列‧阿諾‧利希滕斯坦
‧所在地：	杜塞道夫
‧成立時間：	2009年
‧網址：	www.cutcorner.de
‧店鋪面積：	135平方公尺

珍妮·哈雷尼：擁有最新設施和最佳地段位置的時尚理髮店與內部裝飾奇特的理髮店，人們會把兩者進行比較嗎？或者說，願意比較嗎？哪一種在如今看來更有前景呢？

安德列·利希滕斯坦：兩種都有前景！重要的是，人要忠實於自己，而不是隨波逐流。我雖然常常對我的員工說「沙龍是一個舞臺」，但如果我們曲意逢迎、隨波逐流，顧客很快就能察覺出來。

我們必須問自己一個簡單的問題：我是誰？我要做什麼？透過做這些我要表達的是什麼？店裡的佈置必須遵從一定的風格和品味。這就是說：扔掉那些沒用的小擺設！我們得在腦海中始終保持這樣的疑問：顧客是喜歡在一間擺滿亂七八糟小物件的房間裡理髮。還是願意在一間風格鮮明的沙龍裡理髮呢？其實不一定非得什麼都是高科技。重要的是要讓風格像一條紅線一樣貫穿整個商業策劃方案。

我相信，很多人、很多企業在過去幾年對於風格重要意義的認知都有很大改變。讓人感覺輕鬆隨意的店家要比冷冰冰的沙龍更能取得成功，就像牙科診所那樣。依照我的經驗，很多人愈來愈傾向於「追本溯源」。我認為，「愈省錢愈好」之類的想法已經過時，應該讓位於「不花錢的東西不是好東西」這樣的生活理念了。

> 必須問自己一個簡單的問題：我是誰？我要做什麼？透過做這些我要表達的是什麼？

珍妮·哈雷尼：你覺得一名好理髮師必須具備什麼條件？你有偶像或者某個人特別能激勵你嗎？

安德列·利希滕斯坦：在理髮師的圈子裡我還沒有真正意義上的偶像。我只能說，就像弗蘭克·辛納特拉（Frank Sinatra）的老歌裡唱的：「我有我自己的方式。」他是我的偶像，因為他創造屬於自己的東西。在

2009年我開始創業的時候，很多人問我是不是真的想好了，因為當時正處在金融危機時期。今天我可以說：如果你真的要做什麼事情，那麼用加倍的努力和堅強的神經，你是可以做到的！一名好的理髮師就是要做到認真傾聽顧客意見，要聽得不多不少！這話聽起來很奇怪嗎？事實就是如此！

關於安德列・阿諾・利希滕斯坦

- **任總經理時間**：2009年
- **學歷**：1997年，傳統美髮培訓
- **職場經歷**：
  - 2006年起擔任首席理髮師
  - 結束專業學習後曾受雇於多家美髮沙龍

我認為那些美髮比賽大獎或者此類的殊榮一文不值。一位理髮師就算把20個獎盃擺上書架，但是聽不進顧客說的話，不去分析顧客遇到的問題，結果做出了不適合顧客的髮型，那麼他還能給顧客些什麼呢？

珍妮·哈雷尼：你做的髮型真是一點都不普通。那麼，來店裡的顧客主要是什麼人呢？都是愛好鄉村搖滾的老主顧，還是說也有一般的流動顧客？

安德列·利希滕斯坦：因為我的沙龍根本就不在鬧區，所以人們不會偶然看見就進來，所以我得說，我們根本沒有流動客人！我們的生意完全仰仗顧客的相互推薦。

說到「普通」這個話題就得問一問：「什麼是普通？」顧客總是希望理髮師仔細聽他們的意見，用專業知識幫助他們變成嶄新的自我，而不是潦草地給他們一件產品或一項服務。如果把這類顧客歸為普通的話，那我們普通的客戶可多了，大概有60%。鄉村搖滾愛好者大概占顧客的40%，因為我們還保留著非常古老的理髮技術，能做出與舊式髮型一模一樣的效果！比如上世紀30年代早期的髮型、50年代晚期的髮型或者80年代帶棱角的高聳髮型，像「流浪貓」搖滾樂隊的吉他手布萊恩·塞澤（Brian Setzer）那樣，我們能以假亂真！

用專業知識幫助他們變成嶄新的自我。

珍妮·哈雷尼：你用你的龐蒂亞克古董車作為演出活動的流動理髮店，給顧客做出搖滾造型。這樣做對你的知名度和你的營業額有什麼影響呢？

安德列・利希滕斯坦：這樣說吧，你怎樣去說服別人改變髮型呢？透過介紹或者透過良好的現場體驗。通過這些路剪活動，我們的公司「安德列的剪之角」在最短的時間內就實現了從「獨角戲」到「五人團隊」的轉身。我們的預約總是提前一周就被預訂一空！我們的一位常客每隔四到五周就從250公里外的地方趕過來。因此我現在可以肯定地說：是的，我們的知名度到目前為止已經增長了百分之一千。

珍妮・哈雷尼：會經常有不用預約的自由時段或者被顧客擠爆的情形嗎？會不會有人為了搶你的一個名額不惜大打出手，為了坐上你身前的椅子總得勇敢些吧！

安德列・利希滕斯坦：喔，在我們一次「剪剪才搖滾——50年代理髮店路演」活動上差不多是如此。當時沒有提前預約，人們只能排隊。我想勇敢這事應該不需要證明吧，因為我只在意一件事，就是好好做頭髮。

客人們喜歡坐在我的理髮椅上，因為團隊成員和我會透過幽默的交談和認真的投入讓顧客找到「我是明星」的感覺，因為「周圍所有的人都在看我的頭髮」。

> 我相信，人們都期待著一次不同凡響的美髮店體驗。

我相信，人們都期待著一次不同凡響的美髮店體驗——在週末參加一次活動，共同追憶一段過往的日子、來一杯味道不錯的啤酒、聽一段震撼耳朵的搖滾樂，在那你還能坐到美國古董車的後車廂上，跟人聊男人們真正感興趣的3B話題：啤酒、汽油和美胸（德語分別是Bier、Benzin和Busen）！我們把理髮這件無聊又必須得做的事情變成了一種體驗，這就是我

們成功的祕密。

珍妮·哈雷尼：你看上去總是神采奕奕、精力充沛。這是怎麼做到的？你最大的動力是什麼？

安德列·利希滕斯坦：這個問題我也常問自己。我覺得，我之所以勤奮工作並且還能一直保持良好狀態的原因很簡單：我喜歡我做的事情！這對我來說就是一個實現的夢。我可以做一直夢想要做的事情。而且，還有那麼多的人覺得我做得非常棒，這也鼓舞著我繼續下去。當然，在這過程中我也賺到足夠的錢來讓我過上舒適的生活。

珍妮·哈雷尼：最後還有一個私人方面的問題：你會給我配上哪種髮型呢？

安德列·利希滕斯坦：這個，我要是知道就好了！（大笑）

Nur der Überzeugte überzeugt.

只有被深信不疑的東西才有說服力。

儒貝爾
（Joseph Joubert，又名「約瑟夫・朱庇特」，法國作家）

與現代汽車德國有限公司（Hyundai Motor Deutschland GmbH）總經理馬庫斯・史瑞克（Markus Schrick）的談話

想辦法做沒辦法的事

一場關於企業生存之道的談話

珍妮·哈雷尼：史瑞克先生，作為一句廣告語「新思維，新可能。」觸及了讓思維方式超越平庸的主題。那麼促使現代公司取得今天成就的關鍵是否就是這裡說的「不同一般的思維」呢？

馬庫斯·史瑞克：這句廣告語對所有人來說都既是要求，也同樣是挑戰。一直以來，現代公司不斷地證明著，我們迎接挑戰，並且有能力去做到看似不可能的事情。對於我們的成功具有決定意義的是，高品質、可信賴的產品。2013年至今，產品設計一直是讓德國消費者購買我們產品的首要因素，其次則是同樣重要的性價比因素。

珍妮·哈雷尼：現代在市場行銷領域處於前鋒位置。幾乎所有人們能想到的管道都有現代的身影，而且非常強調行銷的「感性」。請解釋一下，為什麼這一點如此重要呢？

馬庫斯·史瑞克：我們能夠在競爭中站在制高點，全仗我們的產品與設計，以及品質和信譽。我們用心投入足球和賽車，那是因為這些運動是德國人的寵兒，我們希望以此增進消費者對現代的情感、熱情和喜愛。我們用品牌與情感，希望借此拉近與人們的距離。

比如，我們是世界盃以及歐洲盃足球賽的主贊助商，這樣可以把現代汽車與該項運動蘊含的積極情緒聯繫在一起。

關於現代汽車德國有限公司

- **行業：** 汽車製造商
- **員工數：** 196人
- **總經理：** 馬庫斯·史瑞克
- **所在地：** 奧芬巴赫
- **成立時間：** 1991年
- **網址：** www.hyundai.de
- **年銷售額：** 11.2億歐元

足球是全世界最受歡迎的運動，根據市場調查機構的研究，世界盃比賽期間，80％世界人口的目光都直接或間接地盯在那顆球上。這為我們的品牌提供了理想的交流平臺，讓我們能夠把來自現代的活力、激昂和熱情傳遞給我們的客戶和球迷們。無論是在比賽現場的體育館裡，還是在現代車迷公園中，人們只要遇見現代，就意味著遇見了隨之而來的熱烈的氛圍。

珍妮·哈雷尼：當今的世界新鮮事物層出不窮，很多東西甚至還沒上市就已經過時了。你如何能保證現代始終掌控最新的潮流和創新呢？

馬庫斯·史瑞克：以快制勝是我們集團一大成功要素。我們的平均設計研發週期明顯縮短。在不久之前，平均週期還是48個月，現在已經縮短到24個月了。

不僅如此，現代在世界所有重要地區都設有研發中心。我們保持著近距離貼合市場，時刻傾聽顧客的意見，並在市場需要的時候隨時出擊。

珍妮·哈雷尼：近年來，現代特別注重設計投入。你剛才也説到，設計是讓消費者購買產品的首要因素。那麼，現代今天的顧客群是不是與以往不同了呢？

以快制勝是我們集團一大成功要素。

馬庫斯·史瑞克：近幾年的成功充分證明，現代用極具吸引力的設計不僅贏得了新顧客的青睞，同時也讓老顧客繼續忠實於我們的品牌。

我們知道，現代的用戶忠誠度比行業平均水準高10%。這一方面得益於我們「流體雕塑」的全新設計理念，以自然、優雅和清晰的流線造型為核心。我們

兩款最新的車型，體積最小的i10和捷恩斯（Genesis）運動型轎車，都榮獲紅點設計大賽產品設計類獎項。另一方面的優勢，則在於良好的品質和超高的性價比。

珍妮・哈雷尼：現代公司經歷過一次大規模的轉型，今天它比以往任何時候都更加成功。那麼你們如何讓經銷商們也改頭換面呢？

馬庫斯・史瑞克：我們定期透過經銷商網路與他們保持溝通和交流，並且密切跟蹤和參與他們的更新和調整。此外，我們還給經銷商機會，與我們共同推動公司發展。比如說現代汽車品質行動就是這樣應運而生的。這是一次經銷商自願報名參加的活動，目的是與經銷商一起審視銷售的所有環節，提出有針對性的方案，從而強化優勢，消除劣勢。

珍妮・哈雷尼：你在汽車行業的職業生涯非常引人注目。先是福特，然後是奧迪、大眾和豐田，現在是現代。是什麼讓現代不同於其他競爭對手呢？

關於馬庫斯・史瑞克

- **任總經理時間**：2012年3月1日
- **學歷**：
  － 就讀於歐洲商學院
  － 在美國取得國際管理碩士學位
- **部分職場經歷**：
  － 英國杜頓福特集團歐洲研發中心投資與金融分析部
  － 奧迪公司價格結構、銷售及行銷控制部門主管
  － 奧迪亞太地區銷售及行銷執行理事
  － 豐田德國有限公司總經理
  － 豐田汽車義大利公司總經理
  － 弗羅魏控股公司董事會顧問

馬庫斯・史瑞克：我想用現代汽車集團董事會主席鄭夢九（Chung Mong Koo）的一句話來回答你：「我們成功的原因之一在於，我們總是能化不可能為可能！」

珍妮・哈雷尼：現代還在保持增長，這與整個行業的發展趨勢是相逆的。你認為制勝的因素是什麼呢？

馬庫斯・史瑞克：我們在「動量2017」策劃案內計畫，到2017年要推出22款新車型以及升級版本。這一策劃案從2013年就開始了，第一款車是現代i10，8月我們的捷恩斯（Genesis）運動型轎車也上市了。

此外我們也更加注重汽車的個性化和感性化，並相應推出了多個運動款特別版，比如i10 Sport和ix20 Crossline。在2015年和2016年，我們將繼續推出多款具有吸引力和創新力的車型，還將進一步帶動增長。

珍妮・哈雷尼：可能人們都覺得，一家韓國公司要在德國取得成功是很難的。因為韓國的文化，也包括商業氛圍，對大多數德國人來講很陌生。我本人

化不可能
為可能！

曾有幸參觀了貴公司位於奧芬巴赫的總部。當時看到兩種文化非常包容地互相融合在一起，我非常驚訝。那麼，開放和包容是否也是現代在德國取得成功的原因呢？

　　馬庫斯·史瑞克：是的，我也正想說。在我們的決策過程中，品質和對客戶的服務擺在第一位。我們與奧芬巴赫的同事的合作，以及我們與全球各分部同事間的合作都有一個共同特點，就是人與人之間相互帶動、充滿尊重的相處方式。

　　去年公司從內卡蘇爾姆搬到奧芬巴赫的過程就能證明這一點。70%的員工都選擇了留在公司，這在汽車行業是一項紀錄，也說明我們的員工是滿意的。滿意度以及對品牌的忠誠度對公司成功的作用超過一半。

> 在我們的決策過程中，品質和對客戶的服務擺在第一位。

珍妮・哈雷尼：今天人們都在談論「環境革命」這種超級主流話題。面對環境污染問題，企業不僅僅要有自己的想法，還得提出具體的解決方案。那麼「環境革命」對現代來說意味著什麼呢？

馬庫斯・史瑞克：現代ix35燃料電池版汽車讓我們成為世界上第一家量產燃料電池汽車的企業。補充燃料過程用時很短，續航能力將近600公里，唯一的排放物就是水。這款車大大彰顯了現代品牌對創新的要求，即在普通汽車中應用具有未來指向意義的環保科技。不僅如此，我們在韓國牙山工廠配備了面積達21.3萬平方米的太陽能電池，目的是盡可能實現資源節約型生產。這些電池年發電量能夠達到1,150萬千瓦時，相當於3,200萬家庭的用電量。

珍妮・哈雷尼：我們現在生活的世界是一個永遠在不停播報的世界。我們每時每刻、無處不在地接收著廣告資訊。你怎樣確保發出的資訊被認真對待呢？

馬庫斯・史瑞克：在廣告和客戶接觸方面，我們現在除了傳統的溝通管道以外，愈來愈多地使用社交媒體。我們在Facebook、YouTube上都有所涉及，年初還增加Twitter。通過定期交流與我們不斷擴大的現代用戶群——我們的粉絲，保持接觸。

就像我剛才說的，我們活動的核心始終是情感化。我們希望將情感和溫暖附加在品牌上，並讓顧客感受到這些東西。位於柏林的現代車友公園向人們展示了我們是如何做到這一點的。

興奮、熱烈和情感——盡在現代中。汽車運動在品牌感性化的過程中同樣起到重要作用：我們的「飛思渦輪增壓款（Veloster Turbo）跑車」成功通過難

度最高的考試——紐倫堡24小時環城耐力賽，並留下許多感動的瞬間，這說明我們的品質和可信度是經得起考驗的。

珍妮·哈雷尼：從你在現代的經驗來看，哪些是成功的廣告策略呢？

馬庫斯·史瑞克：我們最小車型i10的推廣活動「靈感來自生活」。為此我們首次開啟了「360度溝通」，並使用大量創新行銷形式，其中之一就是在網路社交媒體上開展的各種活動，還有透過所謂的「城市名片（City Cards）」和以「10分鐘70部電影」為主題的視覺廣告。

成功可以說是突如其來，我們的影片在短短幾天內就被流覽35萬次。網上的評論也非常積極。柏林現代車友公園也同樣是一次絕對的成功：450多萬球迷在那裡與現代一起為德國足球隊燃燒激情，在這樣一個節日般的盛典上，將現代與情感的波濤和熱情的火焰連結在一起。

Vom Leben inspiriert.

Ohne Werbung Geschäfte zu machen ist, als winke man einem Mädchen im Dunkeln zu.

做生意不打廣告，就好比從黑暗處朝女孩拋媚眼。

史都特・亨德森・布里特
（Stuart Henderson Britt，行銷學家）

與 DocCheck 醫診網股份公司總經理弗蘭克‧安特衛普斯（Frank Antwerpes）的談話

為什麼掉下來的數字竟然能助推 DocCheck 公司的成功……

……又為什麼醫生不喜歡「免費文化」

珍妮·哈雷尼：安特衛普斯博士，你是醫生，但是作為企業家卻幾乎是門外漢。能否簡單解釋一下，DocCheck股份公司是做什麼的？你又是如何想到這個點子的呢？

　　弗蘭克·安特衛普斯：DocCheck股份公司是專注醫療保健領域的一家控股公司，在它旗下有四家公司，一家通訊代理公司、一個醫生網路社區、一家經營門診需求的網店以及一家專門資助創業者的基金公司。

　　珍妮·哈雷尼：DocCheck公司以怪誕的品牌展示方式聞名。那麼在醫療這個可以說相對保守的行業裡，這樣做效果如何呢？

　　弗蘭克·安特衛普斯：毀譽參半吧。不是每位客戶都能馬上接受我們的風格。雖然這幾年醫療市場已經變得開放一些了，但總歸還是有提升空間的。

　　去年我們受時下「免費文化」的理念影響，群組寄出一封打折郵件。寄件者是虛擬出來的「免費文化俱樂部（FKK）」。響應者寥寥無幾，但是至少我們引起了行業獨有的關注。

關於 DocCheck

· 行業：	醫療保健網路平臺
· 員工數：	220人
· 總經理：	弗蘭克·安特衛普斯
· 所在地：	科隆
· 成立時間：	1990年
· 網址：	www.doccheck.com/de/
· 年銷售額：	1,780萬歐元

珍妮‧哈雷尼：DocCheck有點像醫藥領域業內人士的Facebook。在你這裡也有類似可以做廣告的地方嗎？在Facebook裡可是有很多位置可以打廣告。

弗蘭克‧安特衛普斯：是的，有一些類似的廣告版位。企業可以在這開關自己的網頁，吸引粉絲關注，在網路社區裡發佈通知。但是我們要從Facebook那學的還多著呢。

珍妮‧哈雷尼：依我看，你經營的不是傳統商品，其實賣的是解決方案。那麼，醫生們使用你的平臺主要是出於哪些原因呢？

弗蘭克‧安特衛普斯：在DocCheck上，醫生們能獲得很多重要資訊，並且在遇到棘手問題一籌莫展時，能迅速與同行們建立聯繫。而最主要的原因在於，他們能主動「做醫療」，就是說發佈部落格、評論和專業文章，或者僅僅上傳一些圖片、影片和演講。

珍妮‧哈雷尼：你在DocCheck做過的最成功的行銷活動是什麼？

弗蘭克‧安特衛普斯：最成功的活動很簡單，就是長期堅持並堅信自己的想法。最開始的時候，幾乎所有的市場參與者都在笑我們。如今，我們已是德國名氣最大的醫療保健平臺，用戶數超過百萬。現在已經看不到那些表面溫和、實際上充滿懷疑的微笑了。

珍妮‧哈雷尼：我曾聽說，你們公司的數字掉下來了，至少有幾家報紙在

> 最成功的行動很簡單，就是長期堅持並堅信自己的想法。

報導你們發佈的2012年業績數字時以此作為標題。要知道,發佈業績數字對一家企業來說可是性命攸關的事。跟我們聊聊這次活動吧,別的經理人看到報紙這樣寫,估計心臟病都快發作了。我們想知道,你為什麼喜歡這樣的標題呢?

　　弗蘭克・安特衛普斯:業績報告多數時候不過是些放在聚光燈下的無聊紙片,配上些企業領導層縮手縮腳、侷促拘謹的合影照。我們可不想學他們。所以,我們為每期業績報告都冠以主題,並且把它與行銷活動結合起來。

　　上一期的報告被我們做成連疊紙的樣式,上面的文字用針孔式印表機打出來,隨報告附有一張3.5吋磁碟片。這份報告全展開,紙張長度達35公尺。這讓我們想到一個點子:為什麼不把它赫然掛在攀岩牆上,然後一邊沿著吊索滑下一邊大聲朗讀報告呢!不過我得承認,吊著繩子往下攀岩,也就是臉朝下時,我有點講話不清楚。

關於弗蘭克・安特衛普斯

- **任總經理時間**:1990年
- **學歷:**
  - 醫生、牙醫,求學期間在廣告公司和工業企業兼職撰稿員和策劃員
  - 在美國取得國際管理碩士學位
- **職場經歷:**
  - 取得行醫執照後於1990年創立安特衛普斯+夥伴有限公司(DocCheck股份公司的前身)
  - 該公司曾開發多個製藥業網站
  - 2000年公司上市
  - 1999年創立DocCheck醫藥服務有限公司並任總經理,該公司與2013年成立的DocCheck Guano股份公司同為DocCheck股份公司下屬的全資子公司

珍妮·哈雷尼：你覺得市場行銷工作對於公司整體成功的作用有多大？如果10分滿分的話，你能打多少分？（最低1分，表示不重要，滿分10分，表示非常重要）

弗蘭克·安特衛普斯：11分。

珍妮·哈雷尼：你自己也想一些創意點子嗎？你在什麼時候最會靈光乍現？

弗蘭克·安特衛普斯：是的，但是最好的想法總是集體的產物。我喜歡與大家一起，你一言我一語地攢起一個想法，然後再加以完善。

這就需要一個好的團隊。當三個創意人在一個飄雨的午後坐在一起，他們拿出來的東西總能給人驚喜！

珍妮·哈雷尼：我們的社會中，e健康這個話題愈來愈被推到台前。有人在網上藥店得到一個診斷，上面寫著「上網搜搜」；有人在網上寫糖尿病日記；有人在論壇上與病友一起寫部落格。

這不僅省下了錢，也省去了看醫生的麻煩。你認為這種趨勢會如何發展下去呢？到2030年，我們還有必要去找醫生嗎？

弗蘭克·安特衛普斯：e健康潮流還將繼續大行其道。在不久的將來，我們將能自己在家做心電圖，然後在網上得到對心電圖結果的評價，自己查找病因或者自己測量腫瘤因數指標。

智慧手機會不斷朝著麥考伊醫生的探測儀[10]方向發展。我倒不認為醫生會很快變得無所事事，但他們的工作重心將有所變化。他們會逐漸回歸到專家領域，更專注於疑難雜症的診斷和治療。

醫療科技發展得太快了，沒有技術上的支援，醫生的診治就沒法跟上時代的腳步。

珍妮·哈雷尼：非常感謝你抽時間與我會談！

[10] 麥考伊醫生（Dr. McCoy）是科幻電影《星際爭霸戰》中的太空船醫生角色，片中他總是隨身帶著一部掌上型探測儀，隨時可快速測出病人的各項身體健康指標。

h bediene
ärkte nicht.
h schaffe sie.

我所做的不是服務於市場，而是創造市場。

盛田昭夫
（Akio Morita，日本索尼公司創始人）

與科隆動物園董事會主席兼園長提
奧‧帕格爾（Theo Pagel）的會談

一個動物園超過德甲聯賽的是什麼？

探訪一下科隆最大的「居民區」

珍妮·哈雷尼：帕格爾先生，你從1991年起就在科隆動物園工作，2006年開始擔任園長。長期以來，你的理念是什麼？

提奧·帕格爾：我們將自己定位於科隆以及周邊地區現代化的自然保護中心和培訓中心，激發人們對動物及其生存空間和物種保護的熱情，喚醒人們對物種多樣性和保護自然的意識。

在當今這個物種迅速滅亡的時代，這一點比以往任何時候都更加重要。我們這裡是人類與動物相接觸的地方。沒有什麼機構能像我們這樣構建人與動物的關係，促使人們產生對生命的熱愛，因為只有先認識動物，才能談到保護動物。

珍妮·哈雷尼：從你們的業績報告可以看出，2008年遊客數量是幾年來的最低值，而到2010年情況則完全改觀了。現在遊客情況如何呢？動物園這種形式是否過時了呢？

> 因為只有先認識動物，才能談到保護動物。

關於科隆動物園

·硬體：	動物園設施
·員工數：	約160人
·園長：	提奧·帕格爾
·所在地：	科隆
·成立時間：	1860年
·網址：	www.koelnerzoo.de
·動物成員：	約700個物種的1,000隻動物

提奧・帕格爾：2014年上半年的情況非常樂觀，遊客數增加了20%。由於去年偏長的冬季和低溫，很多動物園在這段時間都出現了遊客數下降的情況。今年的情況則相反，在年初的幾個月裡晴朗的好天氣已經讓許多人前來遊覽。

基本規律是這樣的：動物園的新鮮事愈多，遊客增加得愈快，比如說新增了一些設施等等。短期的遊客數變化主要是天氣原因造成的。多雨的春天或秋天，或者太過炎熱的夏天都會造成遊客稀少。儘管如此，遊客數還是穩定在一個較高的水準上。在德國，來看動物的人比去看德甲聯賽的人多一倍呢！

動物園這樣的形式由來已久，但始終都很受歡迎。其實，人們對應該如何觀賞動物這個問題所持的態度一直在變化，這也一定程度上成了整個社會的縮影。變化的趨勢促使動物園改變園區的佈置。核心焦點不再一味地集中在動物身上，我們愈來愈注重人與動物的關係和生存空間的問題。

動物園繼續朝著專業化的方向邁進，並盡可能以真實而親近自然的方式把動物展示給大家。為了達到這些目標，科隆動物園建造了現代化的動物生活設施，比如大象園、河馬館以及新農場。未來30年，動物園在動物分區上將更加注重地理因素，動物將在更大的設施內共存，形成動物社會，目的是讓遊客也參與到對陌生動物世界的發現之旅中來。我相信，如果逛動物園始終能帶來些特別的體驗，那麼它就永遠不會過時。

珍妮・哈雷尼：比起到戶外的大自然中去，現在大多數孩子都更願意玩電腦。你是如何應對這種趨勢的呢？透過新興媒體做些行銷會有特殊的作用嗎（關鍵字：Facebook和網路遊戲）？

> 並盡可能以真實而親近自然的方式把動物展示給大家。

> ## 在德國，看動物的人比看德甲聯賽的人多一倍！

提奧·帕格爾：我們推出很多吸引人的方案，就是為了應對這種趨勢。而且，在孩子還沒長到沉迷電腦的年齡之前，我們就開始行動了。我們與科隆市政府方面合作推出了一張「寶貝增長卡（Baby-Boomer-Card）」。所有科隆市新生兒的家長都能免費得到一張一年有效期的科隆動物園年卡。另外還有不計其數的幼稚園和學校來我們園訪問，光是我們的「科隆動物園學校」每年就要接待兩萬名學生，更何況還有假期項目、帳篷宿營活動、兒童生日活動等等。

新興媒體雖說在我們與特定顧客群溝通過程中起了很大作用，但從整個對外溝通工作來看，它的作用只能算配角。

▶ 所有科隆市新生兒的家長都能免費得到一張一年有效期的科隆動物園年卡。

關於提奧·帕格爾

· 任科隆動物園股份公司董事會主席時間：2007年
· 學歷：先後在杜伊斯堡大學、杜塞道夫海恩里希-海涅大學學習生物學、地理學和教育學
· 職場經歷：
　－1991年進入科隆動物園工作，起初任鳥類、齧齒動物、有蹄哺乳動物、食肉動物監護人，負責熱帶館
　－2002年4月至12月臨時代管水族館
　－2007年被任命為園長
　－2013年起任德國動物園園長協會主席
　－歐洲保護性養殖計畫委員會成員

珍妮·哈雷尼：以前逛動物園，得到的體驗可以說是可預期的，去了就能看到許多動物。但現在人們卻不斷需要新的和更有吸引力的東西，他們總是希望「被娛樂」。那麼將來動物園是否也得變得更豐富多變一些呢？

提奧·帕格爾：不，這不是必須的。我們的遊客尋求的是擺脫掉日常生活的快節奏，他們想修養生息、回歸自然。對很多城裡人來說，動物園幾乎就是與孩子一起回到自然的最快的「緊急出口」。再加上我們科隆動物園的園藝工作者充滿愛心地把園區佈置得像個公園，為人們提供了很多休息空間。

更有吸引力的還是那些愈來愈接近真實的動物生活區以及大型設施，比如河馬館的非洲河流地貌景區。如果有意義的話，我們當然也會增加一些「娛樂因素」，比如一邊餵食動物一邊進行講解，但這主要是為了向遊客普及知識。

珍妮·哈雷尼：你們在杜塞道夫做的平面廣告「快來科隆看猴子！」真是太好笑了，因為我就是杜塞道夫人。能為我們講講這次活動背後的事嗎？活動的由來，還有它帶來的結果如何？

提奧·帕格爾：我們發現，科隆動物園在杜塞道夫市民以及這地區的居民中知名度不高。雖然從杜塞道夫到科隆的距離並不遠，至少不像有些人想像的那樣遠，但科隆動物園在杜塞道夫卻沒什麼存在感。要引起人們對我們的關注，還有什麼比一個笑話和一點點自嘲更簡單的呢？它帶給我們的好處可真多：除了極好的室外廣告效果外，所有杜塞道夫和科隆的主流媒體都對此進行了詳盡報導，甚至還配了大幅的廣告照片！作為一家行銷資金少得可憐的公益企業，我們還從未有過如此大的媒體價值。

同樣，在新興媒體中這個廣告也被廣為傳播。而且，這次活動確確實實吸

引來了更多的杜塞道夫市民，即便沒有公開報導證明這一點。

珍妮・哈雷尼：你認為在這一行，行銷這個詞意味著什麼呢？哪些手段在你看來是必不可少的？

提奧・帕格爾：正因為我們是公益企業，隨時面臨著縮減預算的威脅，加強行銷才變得愈來愈重要。同時，我們也必須像公共領域的其他企業那樣盡可能地降低包括行銷在內的管理成本——其實行銷在我們總成本中的占比遠低於1％。這雖然聽起來很矛盾，但依我看，我們做得很好，無論是遊客數、各類獎項、專業媒體的提及還是遊客給我們的回饋都證明了這一點。對我們來說，不可或缺的是「把耳朵貼在市場上」，還得有好的策略和明確的定位。

珍妮・哈雷尼：從新聞中，我們經常能聽到針對動物園虐待動物的尖銳批評。就在不久前我還在《世界報》上讀了一篇有關的文章，說是動物受到毒品的威脅。這種聳人聽聞的頭條不光打擊了報導中所指的場所，甚至還傷害了整個行業。你是如何應對這種形象上的損失的呢？

提奧‧帕格爾：我知道這篇文章。我們，德國動物園園長協會的所有成員動物園（我目前擔任該會主席），得知這條報導後都很震驚和失望，原因是文章中很多處用了不詳實或者被歪曲的調查結果，這些基本都是錯誤的論斷。使用藥物的前提必須是獸醫為動物進行檢查並認為確有必要。對此有嚴格且詳細的規定，而且具有官方認定資格的獸醫的行醫準則也非常嚴格，這些專業獸醫都必須隨時請示其所在的獸醫局，動物園本身也要定期接受監管機構的檢查。

為了能給動物園的動物們提供最理想的飼養環境，我們的工作始終堅持科學標準，符合最新的研究方向。所以，我們也希望媒體方面能公正地、有憑有據地進行報導，內容應該符合客觀實際，可惜有時並不是這樣。我們隨時願意就有關動物飼養的所有問題進行對話和接受公眾監督。

遇到這樣的情況，我們用事實情況講道理，與公眾進行對話和討論，並且邀請大家來我們這實地拍照。確實得承認，我們的公共關係工作還得大大加強，這也是我們未來要做的。

珍妮‧哈雷尼：是什麼讓你這裡與其他動物園有所區分或者說與眾不同呢？

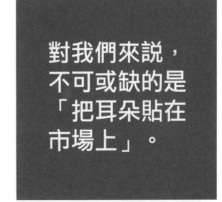

對我們來說，不可或缺的是「把耳朵貼在市場上」。

提奧·帕格爾：論歷史長短，科隆動物園是德國第三古老的動物園。在這裡，人們能同時獲得古老動物園和現代動物園的體驗——就在科隆的中心區！

我們一直在努力讓思維超前一步，讓我們的產品和服務從動物的角度和遊客的角度得到完善。透過明確的定位和行銷活動，我們也向外界傳遞了這個資訊。

珍妮·哈雷尼：我們這本書的主題是，有時我們要逆著人群游泳，目的是得到關注，高調地表現自己。對此你怎麼看？

提奧·帕格爾：我唯有贊同。在行銷技術上，我們需要的不是羊群運動，我們更願意當狼群之王。

珍妮·哈雷尼：你覺得市場行銷工作對於公司整體成功的作用有多大？如果10分滿分的話，你能打多少分？（最低1分，表示不重要，滿分10分，表示非常重要）？

提奧·帕格爾：這是非常重要的一個因素（8至10分），因為在經濟世界裡，沒有好的行銷則一切都無從談起，但是人們始終還是得認真對待關乎企業成功的所有因素，進行整體思考。

珍妮‧哈雷尼：在溝通過程中「講故事」的作用是否重要？

提奧‧帕格爾：是的，而且我看這也不是一個新話題了，因為在公共關係方面一直都在使用。圖片和充滿感情的故事更容易穿過資訊洪流被人們接納，並更長時間地停留在記憶中。而且我們身處科隆最大的「居民區」，自然有一大堆真實故事可講。

> 在科隆最大的「居民區」有一大堆真實故事可講。

珍妮‧哈雷尼：住在科隆動物園的這些動物裡，哪種最有個性呢？

提奧‧帕格爾：來科隆動物園看看，自己找答案吧！

珍妮‧哈雷尼：如果你的動物們像電影裡演的那樣會說話，牠們會對我們的讀者說些什麼呢？

提奧‧帕格爾：來看看我吧！還有，請保護我的親戚們，牠們在野外日子過得一點都不好！

369

Enten legen ihre
Eier in Stille.
Hühner gackern
dabei wie verrückt
Was ist die Folge?
Alle Welt isst
Hühnereier.

鴨子下蛋靜悄悄，母雞下蛋卻像發瘋似的咯咯叫。結果怎麼樣？全世界都在吃母雞的蛋。

亨利‧福特
（Henry Ford，福特汽車公司創始人）

作者

珍妮·哈雷尼（Jeannine Halene）

商學碩士、電子商務專家，2011年創立了總部位於杜賽爾多夫的Fan Factory廣告行銷諮詢公司。奧地利《經濟報》稱她為「中小企業專家」和「行銷學家」，並評價她「用深思熟慮的理念加上一點點瘋狂攻克了整個中小領域」。杜賽爾多夫《頂級雜誌》評論説，她有創造奇蹟的天分。在此之前，她在一家美國上市公司任職行銷主管。回到德國後，她立志要按自己的想法創立一種廣告公司模式，並以Fan Factory取得成功。她的口號是「把顧客變成粉絲」，從此在德國中小企業商圈出現新的選擇，那裡除了提供一般的廣告代理外，還可以將市場行銷全盤外包。這樣的好處是，一旦確定了專案，創意人員可以用最快的速度投入其中，省略了中間過程。這一模式大獲成功，她也一躍成為各種舞臺上的講師，分享她的經驗。2013年，獲得杜塞道夫傑出女企業家獎提名。

赫曼·謝勒（Hermann Scherer）

企業管理學專業畢業，先後前往德國科布倫茨、柏林和瑞士聖加侖等城市就讀，主要研究市場行銷和促銷行為。完成學業後，他先後創辦數家公司，每次都從默默無聞開始，逐步擴大市場佔有率，完成由創業者到領導者的角色轉變。其中一家公司竟在設立後的短時間內即進入德國商業企業100強。與此同時，他也成為一名國際企業管理諮詢師和培訓師。此外，他還擔任全球最大的培訓諮詢機構的培訓經理，並憑藉高品質和高績效的工作成果被該機構授予白金獎。在世界商業大師排名中，他常年躋身前十。2000年，他以獨特的構思創立了名為「企業成功」的公司，主張「向最好的學習」，邀請各領域的成功企業分享經驗和理念。該公司很快領先於其他同類競爭者，並因此獲得媒體青睞，成功與德國各大主流報刊和出版商合作舉辦各類活動。

團隊

版型設計

　　她可謂是擁有「最佳實例」的
內行人：珍妮佛·布朗（Jennifer
Braun），交流設計專業碩士，多
年在廣告業從事印刷、線上事務和
大型活動等工作。2012年，她帶
著策劃、設計和版面領域的專業知
識加入Fan Factory廣告公司團隊，
並在此成功創建自己的粉絲團。

資訊蒐集和設計支援

　　丹尼斯·格納斯（Dannis
Gnas），德國什荷州人，曾在弗
倫斯堡、漢堡、杜塞道夫等地的數
家不同規模的廣告公司擔任藝術總
監。此外，他還曾在德國一家自行
車生產企業任職，因此獲得了廣
告行業以外的工作經驗。2014年2
月，他帶著他的創造才能來到Fan
Factory。

訪談照片拍攝

　　本書訪談部分的那些生動
的照片均出自派翠克·提德克
（Patrick Tiedke）之手。這位來自
杜塞道夫的攝影師已從業數年，主
要為廣告公司、企業和雜誌進行攝
影工作。

日本原版授權！

以牙還牙 **半澤直樹的**

「加倍奉還」

戰勝逆境、一決勝負的56個戰略

心理學

倍返しだ！

半澤直樹的「加倍奉還」心理學

全球瞭站 67

半澤直樹的「加倍奉還」心理學
戰勝逆境、一決勝負的56個戰略

[作者] 內藤誼人
[譯者] 蘇聖翔 黃鳳龍 施凡

日本原版授權！……
以牙還牙，加倍奉還。

有人敢找碴，就要奉陪到底！
被挑釁就接招，
被挑釁就駁斥。
將「迴以顏色」作為
職場生存的行動準則！

就算身處逆境，
也要奮力反擊！
只要採取行動，
就沒有不可能的事。
想在商場求勝的人，
就要具備半澤直樹的
超強心理韌性。

299元

更多好書

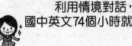

國家圖書館出版品預行編目（CIP）資料

拒絕平庸：100個抓住眼球的市場行銷案例
/ 珍妮.哈雷尼(Jeannine Halene)＆赫曼.謝勒
(Hermann Scherer)著；郭秋紅譯. -- 初版. --
臺北市：易富文化, 2020.10
　　面；　公分
譯自：Marketing jenseits vom Mittelma
ISBN 978-986-407-150-0(平裝)
1.行銷學 2.廣告 3.個案研究 4.成功法
496　　　　　　　　　　　　109008460

Marketing jenseits vom Mittelmaß

拒絕平庸

100個抓住眼球的市場行銷個案

書名 / 拒絕平庸：100個抓住眼球的市場行銷個案
作者 / 珍妮‧哈雷尼（Jeannine Halene）＆ 赫曼‧謝勒（Hermann Scherer）
譯者 / 郭秋紅
發行人 / 蔣敬祖
出版事業群總經理 / 廖晏婕
銷售暨流通事業群總經理 / 施宏
總編輯 / 劉俐伶
視覺指導 / 姜孟傑、鄭宇辰
排版 / Joan Cheng
法律顧問 / 北辰著作權事務所蕭雄淋律師
印製 / 金濱印刷事業有限公司
初版 / 2020年10月
出版 / 我識出版教育集團──易富文化有限公司
電話 / (02) 2345-7222
傳真 / (02) 2345-5758
地址 / 台北市忠孝東路五段372巷27弄78之1號1樓
網址 / www.17buy.com.tw
E-mail / iam.group@17buy.com.tw
定價 / 新台幣399元 / 港幣133元
facebook 網址 / www.facebook.com/ImPublishing

Marketing jenseits vom Mittelmaß (Marketing Beyond Mediocrity)
Copyright © 2015 Hermann Scherer, Jeannine Halene. All rights reserved.
Published by [GABAL Verlag GmbH]
Complex Chinese rights arranged through CA-LINK International LLC (www.ca-link.cn)

總經銷 / 我識出版社有限公司出版發行部
地址 / 新北市汐止區新台五路一段114號12樓
電話 / (02) 2696-1357 傳真 / (02) 2696-1359

地區經銷 / 易可數位行銷股份有限公司
地址 / 新北市新店區寶橋路235巷6弄3號5樓

港澳總經銷 / 和平圖書有限公司
地址 / 香港柴灣嘉業街12號百樂門大廈17樓
電話 / (852) 2804-6687 傳真 / (852) 2804-6409

2011 不求人文化

2009 懶鬼子英日語

I'm 我識出版教育集團
I'm Publishing Edu. Group
www.17buy.com.tw

2005 意識文化

2005 易富文化

2003 我識地球村

2001 我識出版社